高光谱遥感影像的协同训练与半监督分类

谭 琨 杜培军 朱济帅 欧德品 著

科学出版社

北京

内 容 简 介

本书是国家自然科学基金项目"基于多视图协同训练的高光谱遥感影像分类"的研究成果。本书针对高光谱遥感影像分类过程中的数据量大、维数高和不确定性等特点，将模式识别、机器学习等相关领域的半监督引入高光谱遥感分类领域，开展高光谱遥感半监督分类方法研究。全书内容包括8章：第1章介绍高光谱遥感分类进展，第2章对半监督高光谱影像降维方面进行研究，第3章分析研究多元逻辑回归高光谱遥感影像的分类，第4章重点探讨基于差异性度量的分类器的选择，第5章研究邻域信息和多分类器集成的高光谱影像半监督分类，第6章进一步深入研究基于主动学习及同质集成的协同训练高光谱影像分类，第7章重点分析局部特征提取的协同训练高光谱影像分类，第8章对半监督高光谱影像进行系统开发。

本书主要供从事遥感信息处理、遥感分类、遥感应用等研究和实践的科研人员、高校师生参考。

图书在版编目（CIP）数据

高光谱遥感影像的协同训练与半监督分类 / 谭琨等著. —北京：科学出版社，2018.12

ISBN 978-7-03-060208-4

Ⅰ. ①高… Ⅱ. ①谭… Ⅲ. ①遥感图像–图像处理 Ⅳ. ①TP751

中国版本图书馆 CIP 数据核字（2018）第 290575 号

责任编辑：周 丹 黄 海 沈 旭／责任校对：杨聪敏
责任印制：赵 博／封面设计：许 瑞

科 学 出 版 社 出版

北京东黄城根北街 16 号
邮政编码：100717
http://www.sciencep.com

北京厚诚则铭印刷科技有限公司印刷
科学出版社发行 各地新华书店经销

*

2018 年 12 月第 一 版 开本：720×1000 1/16
2025 年 3 月第四次印刷 印张：9 1/2 插页：1
字数：200 000

定价：99.00 元
（如有印装质量问题，我社负责调换）

前　　言

　　遥感影像分类技术是从遥感数据中提取专题信息的重要手段，而高光谱遥感影像分类是在常规遥感影像分类基础上，结合高光谱遥感影像具有光谱波段范围广、光谱分辨率高、图谱合一等特点进行类别的识别。国内外研究人员已经在高光谱影像分类方面开展了大量的工作并在高光谱数据特征提取、分类器改进、多分类器集成与机器学习应用等方面取得了大量的研究成果。本书针对高光谱遥感影像分类过程中存在的训练样本不足、特征维度过高、数据不确定性显著等问题，引入半监督分类方法到高光谱遥感影像分类领域，利用半监督降维、主动学习、多分类器差异性集成等方法来提高高光谱遥感影像分类的精度与可靠性。

　　本书系统总结了作者近年来在高光谱遥感影像半监督分类中的研究成果，重点对半监督高光谱影像降维、半监督高光谱影像分类处理算法、多分类器的高光谱遥感分类进行了深入的探讨。本书共分 8 章，内容涵盖半监督高光谱影像降维与特征提取、多元逻辑回归高光谱影像分类、差异性度量的分类器选择与协同训练高光谱影像分类等。第 1 章简单介绍高光谱遥感分类、半监督分类、特征提取等方面的进展等。第 2 章详细探讨了基于稀疏表示的半监督高光谱影像降维方法与技术。第 3 章介绍了多元逻辑回归在高光谱遥感影像分类的实现方法等。第 4 章针对多分类器之间的差异性进行度量研究，提出新的差异性度量策略。第 5 章充分考虑邻域信息对分类结果影响，提出基于邻域信息与多分类器的高光谱影像半监督分类方法。第 6 章重点研究主动学习与同质集成的协同训练高光谱遥感影像分类算法实现。第 7 章提出了结合局部特征提取信息与协同训练的高光谱影像分类方法。第 8 章给出了基于协同训练的高光谱影像半监督分类系统实现框架。

　　本书是基于作者主持的国家自然科学基金项目"基于多视图协同训练的高光谱遥感影像分类"（编号：41471356）的研究成果完成的。项目研究过程中，得到了中国矿业大学卞正富教授、张绍良教授、邓喀中教授、张书毕教授、闫志刚教授、王行风副教授、孙久远副教授和赵银娣副教授，武汉大学张良培教授、黄昕教授、沈焕锋教授、钟燕飞教授，北京师范大学陈云浩教授、湖南大学李军教授的大力支持，在此向他们表示衷心的感谢。本书出版也得到了国土环境与灾害监测国家测绘地理信息局重点实验室和江苏高校优势学科建设工程的支持。

在课题实施过程中，得到了国际上从事该领域研究的学者，包括美国 Mississippi State University 的杜谦教授、意大利 Unversity of Pavia 的 Paolo Gamba 教授、西班牙 Unversity of Extremadura 的 Antonio J. Plaza 教授的大力支持。全书实验数据包括国外多个国际学术组织共享的机载高光谱遥感影像、Paolo Gamba 教授提供的 ROSIS 高光谱遥感影像等，作者衷心感谢这些机构和学者的支持。

全书由谭琨、杜培军、朱济帅、欧德品合作完成，谭琨负责制定、编写提纲和书稿统稿工作。本书的成果也得益于参加项目的博士研究生王雪、武复宇，硕士研究生李二珠、周颂扬、胡俊等同学的辛勤工作，在此向他们表示衷心感谢！

本书的部分成果已在国内外刊物发表。在本书撰写过程中参考了国内外大量优秀教材、研究论文和相关的网站资料，在此我们表示衷心感谢。虽然作者试图在参考文献中全部列出并在文中标明出处，但难免有疏漏之处，恳请相关同行、专家谅解。

由于作者水平有限，书中不足和错误之处在所难免，敬请各位专家、同行批评指正。关于本书内容的任何批评、建议和意见，请发送至作者电子邮箱：tankuncu@126.com。

谭　琨

2018 年 12 月

目　　录

第1章　高光谱遥感分类概述

1.1　高光谱遥感影像分类概述

遥感技术（赵英时，2003）是以电磁波理论为基础发展起来的一种探测技术，截止到目前已有了半个多世纪的发展史。它是一种通过应用不同的传感器接收远距离的目标所反射或辐射出的电磁波信息，对信息进行处理加工，从而对地面物体进行探测的综合性技术。广义的遥感是指在不接触目标对象的情况下对目标对象进行远距离的探测（杜培军，2006）。而狭义上的遥感是指在航天、航空或者地面平台上，利用各种传感器，以主动或者被动的方式获取目标地物反射或者辐射的电磁波信息，并通过对信息进行处理和分析，实现对目标地物进行定位、识别、定性或者定量描述等（杜培军，2006）。

进入 20 世纪 80 年代，随着遥感技术与传感器技术的快速发展，出现很多获取高光谱影像的设备与仪器。随着美国国家航空航天局（National Aeronautics and Space Administration，NASA）喷气推进实验室（JPL）研制的第一代航空成像光谱仪（AIS-1）面世，各种不同的成像光谱仪传感器相继被研制出来，如美国后来研制的可见光和红外成像光谱仪（airborne visible/infrared imaging spectrometer，AVIRIS）、高光谱数字成像仪（hyperspectral digital imagery collection experiment）、反射光学成像仪（reflective optics system imaging spectrometer，ROSIS）、机载实时更新高光谱增强成像仪（airborne real-time cueing hyperspectral enhanced reconnaissance）、先进高效的军事战术反应成像光谱（advanced responsive tactically effective military imaging spectrometer）、EO-1 卫星搭载的 Hyperion 成像仪等，加拿大研制的紧密机载成像光谱仪（compact airborne spectrographic imager，CASI，shortwave infrared airborne spectrographic imager，SASI，thermal airborne spectrographic imager，TASI）、德国的反射光学系统成像光谱仪（reflective optics system imaging spectrometer，ROSIS）、法国的红外成像光谱仪（ISM）、美国的 Headwall 高光谱成像仪、挪威的 Hyspex 高光谱成像仪、澳大利亚的航空多光谱扫描仪（AMSS）和机载高光谱扫描仪系列（HYMAP）、英国简洁高分辨率成像仪（compact high resolution imaging spectrometer）、印度 HySI 成像仪、南非在建的多传感器微卫星成像仪（multi-sensor microsatellite imager）等。我国在高光谱研制方面也取得了一定的进展，如机载高光谱成像仪 PHI 和 OMIS，中国地质调查局南京地质调查

中心和中国科学院上海技术物理研究所研制的成像质量较好的高光谱成像仪,在轨 HJ-1-A 卫星上搭载的超光谱成像仪(HSI),嫦娥三号探测器上搭载的红外光谱仪,高分五号等。

仪器的研发能弥补高光谱数据获取的困难,同时很大提升了遥感对地观测系统的光谱分辨率。当前,高光谱遥感光谱分辨率几乎可以达到纳米级,其光谱范围覆盖可见光、近红外和中红外等波段(0.4~2.5μm)(张良培,2011)。成像光谱仪在对目标区域进行光谱成像的同时,为每个空间像元提供数百个乃至数千个的光谱信息。总而言之,高光谱遥感数据具有以下几个特点:①光谱波段范围广,光谱分辨率高;②图谱合一,兼具图像和光谱信息;③描述数据的模型较多,可以通过大量研究成果进行系统的理论分析;④波段数据大,携带的地物信息也更加的丰富(杨国鹏等,2008)。高光谱遥感影像已受到国内外学者的广泛关注(Ben-Dor et al.,2012;童庆禧等,2006),已经成为当前乃至今后相当一段时间内遥感技术的一个重要的研究方向,并在植被(包刚等,2013;杨沛琦等,2013)、农业(罗红霞等,2012;王思恒,2013)、土壤(王维等,2011;吴代晖等,2010;袁征等,2014)、水文(万余庆等,2003;张璇,2014)、大气(康凯,2015;谢品华等,2000)、生态环境(雷磊等,2013;赵少华等,2013)、海洋(金大智等,2013;周刚等,2014)及矿产勘探(王晋年等,2012;杨燕杰和赵英俊,2011)等领域得到了大量的应用。

高光谱遥感影像地物分类技术是众多遥感应用中的重要技术手段,也是当前高光谱遥感影像处理中的热点研究问题(浦瑞良和宫鹏,2000;童庆禧等,2006)。高光谱遥感影像分类是根据地物的光谱特征对地物进行目标识别。经过专家学者多年的研究和探索,高光谱影像分类技术形成了一系列针对高光谱图像特点的地物常用分类算法。归纳起来,可以分为两类:基于地物光谱特征的分类方法和基于数据统计特性的分类方法。在进行高光谱遥感影像分类的时候,传统的光谱特征匹配分类方法需要事先通过光谱特征数据库获取大量的先验知识,这样才能开展工作;相比较光谱匹配方法,统计分类方法则相对运算速度慢,需要大量的训练样本,相应地也就增大了计算量,否则分类精度会很低(高恒振,2011)。因此减少分类算法运算量以及提高分类精度成为高光谱遥感领域的研究热点之一(Krishnapuram et al.,2004)。

基于地物光谱特征的分类方法是在分类中利用反映地物的光学物理性质的光谱曲线来进行识别分辨,使用各种匹配算法来区分图像中的不同地物类型,这种方法既可采用全波长或基于整个波形特征的光谱曲线的比较和匹配,也可用感兴趣的光谱特征或部分光谱波段的光谱波段或波段组合参量进行匹配,达到分类的目的。高光谱遥感技术在成像过程中,同类地物的表面结构特征、植被覆盖以及光照等条件十分相似,得到的波段数据会具有相同或相近的光谱特征，从而表现出某种内在的相似性，归属于同一光谱空间区域；不同的地物具有不同的光谱特征信息，应归属于不同的光谱空间区域（Tuia et al.，2011；彭顺喜，2007）。基于光谱度量的高光谱分类方法是模板匹配方法在高光谱图像处理上的具体应用（Dalla Mura et al.，2011）。

基于统计特征的传统分类策略，通常可分为非监督、监督和半监督三种分类方法。下面分别介绍这三种分类策略。

（1）非监督分类。该方法假设影像数据集满足聚类假设，在图像中搜索、定义其自然相似光谱集群组的过程。不需要先验知识，仅需极少的人工初始输入，计算机就会自动按照一定的聚类准则根据光谱、空间等特征组成集群组，直接对原始高光谱遥感图像数据来进行分类。虽然非监督分类方法容易实现，但是分类精度往往有所欠缺，无法满足实际研究生产的需要（Demir and Erturk，2007；Kuo and Landgrebe，2002）。常用非监督分类方法有 ISODATA（边肇祺和张学工，2000）、K 均值聚类（陈平生，2012）、链状算法（孟海东等，2008）等。

（2）监督分类。该策略首先需要通过标记样本的学习来训练分类器模型，并利用得到的分类器对未标签的样本点进行分类。监督分类方法根据分类器模型构建方式不同可以大致分为三种形式：概率模型，经验风险最小化原则，结构风险最小化原则（高恒振，2011）。概率模型最经典的方法是最大似然分类方法，该方法是高光谱分类应用初期最常用的算法，在高光谱图像分类领域得到了广泛研究（杨冰，2008）。这类方法适合应用于多光谱遥感影像分类，如 Landsat MSS、TM、SPOT HRV 等，推广到高光谱图像分类时则会面临运算复杂度增大，运算时间会大幅度增加，对训练样本的数量要求较高等问题（陈进和，王润生，2006）。经验风险最小化原则是要求特征集通过模型得到的结果能够与真实结果值的差异最小化。常见的方法有决策树和神经网络，这些方法在机器学习、数据挖掘领域被成功应用后引入到高光谱遥感影像分类研究中并取得了很好的分类结果。结构风险最小原则的典型方法是支持向量机。常用的决策树算法有 ID3.C4.5/5.0，CART。该分类算法简单易懂、速度快、计算量少。缺点是分类类别过多时会增大错误发生的可能。人工神经网络是一种经常被使用在高光谱遥感影像分类的算法，在运算速度和分类精度上均优于最大似然分类算法，尤其是当样本点的分布不满足高斯分布时；人工神经网络方法也不需要先验的概率统计分布知识，相对来说更为简单。但对于高光谱图像分类来说，它也存在诸多不足：在波段数量较多的情况下迭代时间会很长，容易陷入局部最优；在训练中容易出现"过学习"和"欠学习"等问题，从而影响分类效果（Kumar et al.，2011；Patra and Bruzzone，2011）。解决该问题的关键在于，在分类的过程中是否有足够多的训练样本参与，但是对于高光谱遥感影像来说，足够多训练样本的提取是一件费时、费力、费钱的工作（Shahshahani and Landgrebe，1994b；杨哲海等，2004）。因此，一些针对高维小样本数据就能取得较优结果的分类器被引入到高光谱遥感影像分类中，如支持向量机（SVM）（Gold and Sollich，2003；Tan and Pei-Jun，2008）、多元逻辑回归（MLR）（Li et al.，2012a；Tan et al.，2015a）、极限学习机（ELM）（Bazi et al.，2014；Huang et al.，2006）、随机森林（RF）（Amini et al.，2014；Pal，2005）等。

（3）半监督分类。不同的分类器具有不同的理论基础和分类原则，如何针对不同的遥感数据或应用领域选择有效的分类器仍有待研究；不同的分类器在性能上有不同的优缺点，如何选择性能互补的分类器进行学习，提高分类性能仍有待研究；在训练样本很有限的条件下，如何从未标记样本中挖掘信息进行分类器性能的优化也有待研究。针对不同遥感影像的特点可以选择利用以光谱特征的相似度度量方法为基础的分类器进行分类；针对如何选择性能互补的分类器进行协同学习的问题，可以借助一些分类器差异性度量策略进行分类器选择并利用集成学习进行分类后处理提高分类性能；针对训练样本非常有限的问题，可以利用近年来发展快速的半监督学习方法来解决。半监督学习研究重点是在少量的训练样本条件下，如何利用大量的未标记样本来提高分类性能，并已经成为高光谱影像分类的一个研究热点。目前常用的半监督学习方法有很多，主要包括基于图的半监督分类（Tan et al.，2015b）、主动学习（Tuia et al.，2009a）、协同训练（tri-training）（Huang and He，2012；Zhou and Li，2005）及半监督支持向量机（Tan et al.，2014）等。其中协同训练算法通过利用若干个分类器进行互助学习，能够明显提高模式分类和目标识别精度，已在文本分类、语音识别等领域得到广泛应用，成为半监督学习的热点研究问题。

本书针对高光谱遥感分类的小样本、分类器结果不一致性、空间信息不足问题，通过构建一系列的协同训练模型、集成学习模型、稀疏表示理论等，有效地解决了半监督分类中的分类精度不稳定、样本获取困难等难题。本书具体的算法和模型见图 1-1。

1.2　半监督分类

半监督思想起源于自训练（self-training）方法（Scudder III，1965），该方法是 20 世纪 60 年代 Scudder 等提出的一种利用未标记样本进行分类的算法。该算法的主要思想是首先利用监督学习方法对标记样本进行学习，利用学习后的结果对部分未标记样本进行标记，然后将新标记的样本加入到标记样本中再进行学习，反复迭代，直到满足某种条件为止。这种方法依赖于监督学习方法的性能，若样本增选有误，这种错误会在每一次增选样本的过程中被累积，影响最终的学习效果。20 世纪 70 年代，半监督学习真正得到发展是从利用未标记样本学习的 Fisher 线性判别规则的研究开始的（Welling，2005）。但由于很难利用非标记样本

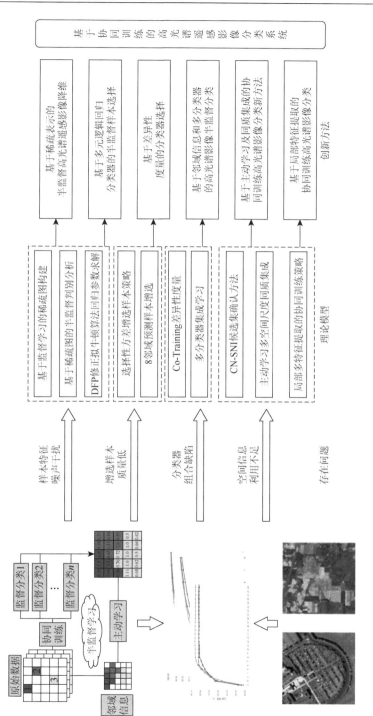

图 1-1　基于协同训练的高光谱遥感分类算法和模型

对当时主流的学习方法进行有效的提高，因此半监督学习的研究没有得到迅速的发展。直到了 20 世纪 90 年代，随着自然语言处理技术的发展，对未标记样本的使用需求越来越强烈，半监督学习才成为了机器学习当中的研究热点（Zhu and Goldberg，2009）。

　　基于生成模型的半监督分类算法是一种比较古老的半监督方法。Cooper 在 1970 年首先提出一种生成式模型（generative model）（Chapelle et al.，2006），该模型假设数据的类-条件概率密度函数 $p(x|y_i)$ 为多项式分布，同时利用已标记样本和未标记样本估算假设分布的未知参数从而得到假设分布的概率模型，并通过该模型计算未标记样本的边缘概率。后来研究者针对分布假设的概率模型进行了扩展研究，分别利用不同的概率假设模型如多项式混合分布（张博锋等，2007）和高斯混合分布（Huang and Hasegawa-Johnson，2009）等，通过迭代算法，如期望最大化（expectation maximization，EM）求解最大似然估计或者最大后验估计问题，求得分布中的未知参数，最后利用贝叶斯分类器进行分类。典型的生成式模型半监督分类算法有：Naive Bayes、Hidden Markov Models、Hybrid Generative/Discriminative Method、Principled Hybrids of Generative and Discriminative Models（Druck et al.，2007；Fujino et al.，2008；Ji et al.，2009；Lasserre et al.，2006）等。

　　自 Blum 提出协同训练（co-training）算法以来，协同训练就成为了一种流行的半监督分类方法（Blum and Mitchell，1998）。Co-training 算法在两个条件独立且充分冗余的视图上分别训练出一个分类器，然后在半监督学习的过程中，每个分类器从大量无标记样本中抽选若干个可信度较高的样本进行标定，然后将抽选出的样本加入到另一个分类器的训练样本集中，依此类推，进行协同学习。然而，许多实际问题并不存在两个条件独立并且充分冗余的视图。因此，K. Nigam 和 R.Ghani 对 co-training 算法在数据不具备两个充分冗余且独立的两个视图的条件下，将属性集大的训练样本随机分为两个视图并进行协同训练，取得了较好的实验结果（Nigam and Ghani，2002）。然而，大多数实际问题并不具备属性集"大"这一条件。因此，一些研究学者开始探索摒弃两个充分冗余视图和其他约束条件的协同训练算法。Goldman 和 Zhou 使用两个不同的监督算法，首次提出了基于单视图的协同训练算法（statistical co-training）（Goldman and Zhou，2000）。该算法利用统计技术来计算未标记样本的置信度并进行标定，将置信度高的未标记样本加入到另一个分类器进行训练，重复直至达到某一终止条件。而后，Zhou 和 Goldman 又对其进行改进，提出另一种基于单视图的协同训练算法（democratic co-training），使其能够使用多个不同类型的分类器（Zhou and Goldman，2004）。然而，上述算法都是利用交叉验证的方法来度量置信度大小，相当耗时。因此，Zhou 等提出 tri-training 算法（Zhou and Li，2005），与其他协同训练方法相比，它不仅对选择的分类器类型没有限制，也不要求数据集具有两个或三个充分冗余且独立的视图，而且耗时较少。该算法以三个分类器为基分类器开展半监督学习。该算法首先从有标签的样本集中利用可重复取样的方法随机抽选三组训练集，然后利用三组训练集分别训练对应的分类器，以获得初始分类结果。在协同训练过程中，就单个分类器而言，其增选的未标记样本并不是由其自身决定的，而是由剩余的分类器协同完成的，选择的具体过程是剩余的分类器针对同一未标记样本标定相同，则将其扩充到训练样本集中。协同训练的终止条件是所有参与训练的分类器所预测的样本标签都不再发生变化。而后，Li 和 Zhou 在 tri-training 算法的基础上进行了扩展，将集成学习的思想充分融入 tri-training 中提出 co-forest 算法（Zhou and Li，2007）。随着协同训练算法的研究深入，协同训练算法在目标跟踪（Li et al.，2010c；李飞等，2015）、目标识别（李业刚等，2015）、图像检索（Dolocmihu，2007；Liu et al.，2011；李士进等，2010）、人体行为识别（白晓平等，2011；解志刚等，2014；唐超等，2015）、目标检测（Cai and Cheng，2009；高爽等，2013）等领域得到了大量应用和更好的发展。李士进等将协同训练应用于遥感图像检索方面，与其他反馈方法相比，协同训练可有效减少人工标注，自动化程度高（李士进等，2010）。针对在实际问题中存在两个完全相同的视图表示不同的物体，王娇等提出一种基于随机子空间的半监督协同训练算法，将两视图推广到多视图（王娇等，2008）。詹永照等针对在半监督学习过程中有误标记样本的引入使分类性能下降问题，提出利用过滤噪声机制和人机交互降低误标记样本的引入，并将其应用到人脸表情识别领域（詹永照和陈亚必，2009）。周广通等将协同训练与分割算法结合并将其应用到指纹图像识别领域（周广通等，2009）。陈思等针对自训练目标跟踪算法容易造成漂移问题和累积误差，提出一种基于在线半监督 boosting 的协同目标跟踪算法（陈思等，2014）。

　　1998 年，Vapnik 基于转导学习的思想，将测试集（即无标记样本）加入到 SVM 分类器，给出了转导支持向量机（transductive support vector machine，TSVM）基本原理（Vapnik，2003）。转导学习是一种特殊的半监督学习，其目标是在最优化问题中明确预测点的标记，方法是把这些点嵌入到一个特殊的测试数据集中（Theodoridis，2006）。基于转导学习思想的启发，Joachims 提出了 TSVM 模型（Joachims，2003），Collobert 等通过使用凹凸过程对 TSVM 目标函数优化求解，扩大了 TSVM 适用样本的规模（Collobert et al.，2006），陈毅松等对 TSVM 进行改进提出了 PTSVM（陈毅松等，2003）。Fung 等将 TSVM 中的非凸二次规划问题转化为凸线性规划问题，提出了 S^3VM（Fung and Mangasarian，2001）。Bennett 等在 S^3VM 模型基础上为未标记样本增加了一个二值变量，提出了 S^3VM-MIP 模型（Bennett and Demiriz，1999）。其中 Joachims 给出了半监督支持向量机第一个快速实现——直推式支持向量机（transductive SVM，TSVM）学习方法，并公布了 S^3VM 的第一个软件包 SVMlight（Joachims and Thorsten，2002）。Chi 等对解

决 S^3VM 是非凸的、容易产生局部最优解而不是全局最优解的问题提出 ∇S^3VM 和 LDS-∇S^3VMs 来进行最优化求解（Chi and Bruzzone，2007）。

基于图的半监督学习（graph-based semi-supervised learning）近年来引起了学术界的广泛关注。这类算法直接或间接地利用了流形假设。流形假设是指处于一个很小的局部邻域内的示例具有相似的性质，因此，其标记也应该相似。Blum 等首先利用构建图来寻找最小分割信息来对未标记样本进行标定（Blum and Chawla，2001）。Zhu 基于高斯随机场，根据边缘权重编码实例之间的相似性对标记和未标记的数据在加权图中表示为顶点（Zhu，2003）。Belkin 等假设数据位于高维空间中的子流形上，使用拉普拉斯-贝尔特拉米算子，在子流形上产生平方可积函数的希尔伯特空间的基础图来进行半监督分类（Belkin and Niyogi，2004）。Zhou 等基于局部和全局一致性给出了最小化的目标函数来实现基于图的半监督分类过程（Zhou et al.，2003）。

Plaza 等在高光谱遥感影像处理技术的最新进展中总结了高光谱影像处理中最新的三个研究方向：基于核方法的影像分类、光谱-空间信息的集成和高光谱影像处理的并行计算（Plaza et al.，2009）。目前，在半监督中进行光谱-空间信息的集成已经成为研究的热点。Camps-Valls 等利用基于图的半监督方法进行高光谱影像分类。首先利用基于核函数的方法有效的解决维数灾难问题，然后通过图方法来增选未标记样本，最后结合空谱信息来获取稳定而较高精度的分类结果（Camps-Valls et al.，2007）。Yang 等提出空谱结合的拉普拉斯 SVM 方法来进行高光谱半监督分类，能减少斑纹状的误分类现象，并且通过非迭代的最优化方法来提高分类速度（Yang et al.，2013）。Ratle 等提出 SSNN 方法（semisupervised neural networks）来进行高光谱影像分类。通过对损失函数添加正则化来训练数据，然后采用具有额外的约束条件的随机梯度下降算法（SGD）来避免局部最优化，并且提高计算速度。结果表明，该方法能有效的利用未标记样本来提高分类精度，并且其计算速度比 TSVM、LapSVM 等方法提高很明显（Ratle et al.，2010）。Borges 等利用 FSMLR 方法进行类密度估计，通过采用多级逻辑 Markov-Gibs prior 方法进行影像分割，提取空间上下文信息来提高分类精度（Borges et al.，2007）。随后 Li 等对多级逻辑 Markov-Gibs prior 方法进行拓展，并取得不错的结果（Li et al.，2010b）。而 Velasco-Forero 等首先利用 PDEs 和小波阈值萎缩算法对影像进行空间处理，将光谱与空间信息核函数结合起来，并使用 K-NN 图的半监督方法进行高光谱影像分类。在小样本上，该方法能够提升 5%～10%的精度，而在样本量较大的情况下并不太明显（Velasco-Forero and Manian，2009）。Ma 等结合空间局部信息、全局深度特征学习信息和上下文深度学习自决策来进行半监督高光谱影像分类，并取得较好结果（Ma et al.，2016）。

1.3　分类器的差异性度量

近年来快速发展并得到广泛应用的集成学习分类系统通过集成多个分类器结果，能够显著提高分类性能，并在不同的领域得到了广泛的应用，成为机器学习的热点。集成学习研究的主要问题为基分类器的构建和组合策略。基分类器的构建算法分为异质类型和同质类型，其中异质类型指将不同原理的分类器应用于相同数据集上，同质类型指将相同原理的分类器应用于不同的训练数据集上。而常用的合并策略主要包括投票法、贝叶斯平均、证据理论、意见一致性及分类器动态选择等（Benediktsson and Sveinsson，2000；Benediktsson and Swain，1992；Freund，1995；Giacinto and Roli，1999；Smits，2002；Xu et al.，1992；邓文胜等，2007；孙怀江等，2001）。随着研究的不断深入，学者们发现集成所有基分类器的分类结果往往没有集成部分基分类器的分类结果好。针对这一问题，Dietterich 在 2000年提出分类器差异性度量的概念（Dietterich，2000），并得出参与组合的基分类器在性能上必须存在一定的差异性才能明显地提高分类性能的结论。在 2005 年，Elsevier 出版的 *Information Fusion* 期刊专门刊登一期 "*A Special Issue on Diversity Measure in Multiple Classifier System*"，提出了分类器差异性度量这一新的研究方向（Banfield et al.，2005；Brown et al.，2005；Gal-Or et al.，2005；Kuncheva，2005；Melville and Mooney，2005；Ruta and Gabrys，2005；Windeatt，2005）。即通过分类器差异性度量策略寻找集成学习中多分类器之间的关系，找到性能互补的分类器组合使得集成学习的效果更加显著。其中，Brown 等对现有的一对一和非一对一差异性度量的产生方法进行了归类和分析，并初步形成一套分类方法（Brown et al.，2005）。Windeatt 对比了现有的差异性度量对于分类器组合分类的预测能力，并提出一种新的一对一差异性度量策略（Windeatt，2005）。Gal-Or 等分析现有的差异性度量方法在不同领域的应用效果，以期寻找度量方法与数据之间的关系（Gal-Or et al.，2005）。Banfield 等将差异性度量融入分类器组合的动态选择中，构建由 1000 个基分类器组成的初始分类器系统，借助差异性度量方法提取出分类性能差别较大的 100 个分类器进行分类器组合（Banfield et al.，2005）。Melville 等提出一种新的度量方法，通过比较单个分类器的分类结果与分类器组合的分类结果来衡量差异性大小并构建新的分类器组合生成模型（DECORATE），通过 15 组数据进行了算法的验证（Melville and Mooney，2005）。在之后的研究中，许多学者创新性地提出一些基于传统的差异性度量的改进方法及新的差异性度量方法。2007 年，乐晓蓉等将差异性度量方法应用到选择性神经网络集成方法中，并取得不错的效果（乐晓蓉等，2007）。薛梅等则通过差异性度量方法筛选性能差别较大的分类器来构建层级式分类器集成系统（薛梅和郑全弟，2010）。琚春华等在构建选择性分类器集成系统时，提出一种基于信息熵的分类器差异性度量方法用来动态调整基分类器个数（琚春华和邹江波，2015）。杨艺等通过挖掘样本个体信息提出一种基于证据距离的差异性度量方法，并结合已有的差异性度量方法构建多分类器系统（杨艺等，2012）。2014 年，梁绍一等针对传统差异性度量方法在实际应用中易出现诸如"差异性淹没"等问题，提出一种基于几何关系的差异性度量方法（梁绍一等，2014）。但是目前对差异性度量的研究还存在大量未解决的问题，如如何从分类器原理上衡量它们之间的差异性、如何有效地将此差异性应用到集成学习中。

1.4 特 征 提 取

高光谱遥感波段数众多，信息量丰富，光谱分辨率很高，因此理论上它识别地物的不同类别的能力也更强。但是相应的，因其巨大的数据量且数据之间存在冗余，在处理和分析数据上也带来了一些困难。为了快速、准确地从这些数据中提取资源与环境信息，识别不同的物质，揭示目标的本质，往往需要依据实际应用的具体要求，选择最佳特征集进行处理和解译（刘建平和赵英时，2001）。一般来说，降维方法可以概括为特征选择和特征提取两种。光谱特征选择就是针对特定对象选择光谱特征空间的一个子集，这个子集是一个简化了的光谱特征空间，但它包括了该对象的主要特征光谱，并且在一个含有多种目标对象的组合中，该子集能够最大限度地区别于其他地物。特征提取也是光谱特征空间的降维过程，与光谱特征选择相比，它是建立在各光谱波段间的重新组合和优化基础之上。在经过特征提取后的光谱特征空间，其新的光谱向量应该是反映特定地物某一性状的一个光谱参量，或者是有别于其他地物的光谱参量（童庆禧等，2006）。

特征选择方法的关键是搜索算法和准则函数。一些传统的特征选择算法包括基于信息熵（联合熵）的选择、基于最佳指数 OIF 的选择、基于组合波段的协方差矩阵行列式选择、基于训练样本选择等（刘建平和赵英时，2001；赵春晖等，2007）。这些方法往往试图对所有波段选择最优组合，但研究表明，以最佳波段指数、联合信息熵等对全部波段进行搜索计算的最优搜索方法在高光谱遥感影像中因为计算量太大难以得到应用，因此往往要选择次优算法（Serpico and Bruzzone，2001）。最常用的次优选择算法是顺序前向选择（SFS）和顺序后向选择（SBS）（谢娟英等，2011；张丽新等，2004），以及改进的顺序前向浮动选择法（SFFS）和顺序后向浮动选择法（SBFS）等（谢娟英和谢维信，2014）。顺序前向和顺序后向选择法速度较快，但选择的波段组合冗余较多，性能较差，仅适用于数据的预处理过程；顺序前向浮动选择法和顺序后向浮动选择法所获得的波段组合性能较好，在处理实际问题时得到广泛应用。有学者提出最速上升法（SA）能够获得较顺序前向浮动选择法性能更好的波段组合，但计算耗时相对较长，结果随初始值不同而变化，且维数增加时其性能显著下降，稳定性较差（Serpico and Bruzzone，2001；周爽等，2008）。随着计算智能、进化计算等方法的应用，支持向量机、遗传算法和粗糙集理论等新方法在降维处理中得到了应用（Hermes and Buhmann，2000；孙立新和高文，2000）。另一方面，特征选择由于受搜索方法和决策准则的显著影响，无论如何选择都必然会损失大量信息，针对这种情况，更多的研究工作倾向于特征提取。

为了解决高光谱遥感影像数据存在"维数灾难"的问题，特征提取被引入到高光谱遥感影像研究领域。特征提取的实质是数据降维，即在高维度的原始光谱空间建立一定的数学模型，获得可表征原始空间的低维特征空间。特征提取的过程如图 1-2 所示，$F(x_1, x_2, \cdots, x_n)$ 为数学模型，它将原始的高维光谱空间转换到一个低维并极具鉴别性的特征空间。

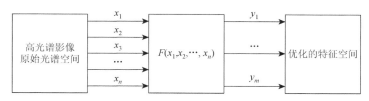

图 1-2 光谱特征提取

从数学模型构建方法角度出发，特征提取可分为两大类：线性特征提取模型和非线性特征提取模型，即线性降维和非线性降维。常用的 PCA、LDA（linear discriminant analysis）及其各种变形都是线性降维方法。线性降维方法具有运算简单、处理迅速、泛化能力强等特点，在具有全局线性特征的数据集上应用具有较好的效果，但是面对非线性高维数据集时则不能很好地处理。为了解决这些问题，各种非线性降维方法被提出，例如 KPCA、LLE（local linear embedding）、LDE（local discriminant embedding）、LFDA（local fisher discriminant embedding）等。非线性降维方法可以有效地挖掘数据的潜在规律及内部结构信息。缺点是模型构造复杂，计算时间复杂度大。

1）线性特征提取方法

线性特征提取方法是通过在原始高维空间与优化后的低维特征空间之间建立线性模型，将高维光谱信息转换为低维鉴别性高的特征信息。在线性特征提取方法中，应用最广泛的方法是 PCA 和 LDA。PCA 是以高维空间信息在低维特征信息重构误差最小为原则通过求解数据的协方差最大寻找一组最优的正交基（即特征向量），以达到数据降维及减少运算量的目的。尽管 PCA 算法可以很好地保持数据的全局线性信息及其使变换后的低维特征信息具有较好的重构能力，但是，

PCA 算法并不能很好地适用于分类，因为其本身是一种非监督算法，在求解最优特征向量时没有引入数据类别信息。相比于 PCA 算法，LDA 算法是一种监督降维算法，其将样本的类别信息应用到特征向量的求解过程。LDA 算法通过构建类间离散度矩阵和类内离散度矩阵，并以两者的比值为目标函数，通过最大化目标函数，求取最优的特征向量。在实际的人脸识别及高光谱遥感影像分类应用中，由于训练样本获取是一项费时、费力、费钱的工作，LDA 算法存在严重的小样本问题，即训练样本数据小于样本特征空间维度，导致类内离散矩阵的秩小于矩阵的秩，无法对其进行求解。为了解决这一问题，很多学者提出了新的思路。Friedman 在协方差求解过程中利用样本误分率极小化样本估计法取代常用的最大似然估计法，提出了 regularized discriminant analysis（RDA）和 quanratic discriminant analysis（QDA）（Friedman，1989）。Howland 等在求解投影向量时利用 generalized singular value decomposition（GSVD）代替常用的 SVD 算法，解决了在人脸识别中的小样本问题（Howland et al.，2006）。Duba 等巧妙地将 Fisher 准则引入 LDA 算法中，提取 FLDA（Duda et al.，1973）。Du 对 FLDA 进行了改进，提出一种 MFLDA，可以在样本不足和无先验知识的条件下提取有效的特征信息（Du，2007）。Guo 等将 "nearest shrunken centroids"（NSC）思想引入到 LDA 算法中，构建了 "shrunken centroids regularized discriminant analysis"（SCRDA），解决了小样本问题（Guo et al.，2007）。此外，direct linear discriminant analysis（DLDA）（Qin et al.，2005）、maximum margin criterion（MMC）（Li et al.，2006）等算法相继被提出来。

2）非线性特征提取方法

目前常用的非线性特征提取方法包括基于核函数的非线性特征提取和基于流形学习的非线性特征提取方法。

针对线性特征提取方法存在的局限性，基于核函数的非线性特征提取方法于 1997 年由 Wu 首次提出（Wu et al.，1997b），用于解决高维非线性数据本身的数据稀疏和维数灾难问题。基于核函数的非线性特征提取首先将非线性不可分的高维原始信息利用核变换映射到更高维的线性可分的特征空间，并在新的特征空间利用线性降维方法进行特征提取。Wu 等将核函数引入到主成分分析中，提出了核主成分分析（kernel PCA）并将其应用到近红外光谱数据进行特征提取（Wu et al.，1997a）。Wang 等将 kernel 函数与 Fisher discriminant analysis 结合，提出核 Fisher 判别分析算法（Wang et al.，2014a）。Baudat 等将核函数与 LDA 相结合，提出 KLDA 算法（Baudat and Anouar，2000）。尽管上述算法可以较好地提取非线性特征，但是还存在以下问题：增加数据维度，增加时间开销；如何选择合适的核函数缺乏理论依据。

基于流形学习的非线性特征提取方法由 2000 年 *Science* 学术期刊上发表的三

篇论文吸引了研究者的目光，并首次使用了 manifold learning，标志着其的诞生。流形学习算法以流形假设为基础，通过研究数据在高维空间中的分布情况，挖掘其潜在的低维子流形，探索复杂数据存在的内在规律性，在将数据从高维空间投影到低维特征空间的同时保持数据在高维空间中的内在几何架构。Tenenbaum 等提出一种流形学习方法 isometric mapping（ISOMAP），其在几何空间计算成对测地距离，以多维尺度分析（multi-dimensional scaling，MDS）为理论基础将数据从高维空间投影到低维非线性拓扑空间中，进而得到保持样本间测地距离不变的低维流形（Tenenbaum et al.，2000）。Roweis 和 Saul 针对非线性数据的特点提出一种新的流形学习算法 locally linear embedding（LLE），其核心思想是对任一数据点来说，都可以由周围相邻的几个数据点线性组合而成，并且在低维空间这一特性保持不变（Roweis and Saul，2000）。Belkin 和 Niyogi 提出一种基于图论的流形学习算法 Laplacian eigemap（LE），其重点是对于高维空间中相近的数据点，在降维后的低维空间仍然保持这一特性（Belkin and Niyogi，2003）。上述算法虽然能提取非线性特征信息，但是仅仅是对于训练样本而言的，即若引入一个新的样本，这些算法无法对其进行投影，无法获取其低维空间信息。针对此问题，许多学者开展研究并提出新的算法。Cai 等在计算测地距离时引入线性子空间，提出等测地投影（isometric projection，Isop）（Cai et al.，2007）。

He 等以重构误差最小化为目标函数，对 LLE 算法进行改进提出近邻保持嵌入（neighborhood preserving embedding，NPE）（He et al.，2005）。上述算法虽然解决了新引入样本的特征信息提取问题，但是在特征提取的过程中没有利用样本的类别信息，不能有效地挖掘样本的判别几何结构。Sugiyama 在分析已有算法的基础上提出一种局部 Fisher 判别分析，其思想是通过定义类间矩阵和类内矩阵，使原始数据投影后满足不同类别样本之间距离尽可能大且同类样本分布尽可能紧凑（Sugiyama，2010）。Chen 等提出一种局部判别嵌入算法，其思想是通过定义类间图与类内图来保持同类与异类样本的局部信息，使投影后同类样本间保持原有的内在邻近关系，而异类样本则尽可能远离（Chen et al.，2005）。Yan 等为所有的特征提取方法构建了一个统一的框架，并提出一种新的特征提取方法 margin Fisher analysis（MFA）（Yan et al.，2007）。

3）半监督特征提取

半监督特征提取是将半监督学习的思想运用到降维算法当中，从而得到的一个机器学习的新的分支——半监督降维（Zhang et al.，2007）。半监督降维可以像监督降维一样利用标记样本，也可以和非监督降维一样利用未标记样本来构建降维方法，从而达到保留原有数据的结构信息和维数缩减的目的。半监督降维大体可分为三类（陈诗国和张道强，2011）：①基于类别标签的半监督降维；②基于成对约束的半监督降维；③基于其他监督信息的半监督降维。

　　基于类别标签的半监督降维方法大多是利用已有的监督学习的算法或引入标签信息再利用半监督思想而形成的，如半监督概率 PCA（semi-supervised probabilistic principal component analysis，S2PPCA）（Tipping and Bishop，1999），该方法就是在已有的概率 PCA 的基础之上引入了类别标签信息而形成的一种半监督降维方法。与之类似的还有半监督拉普拉斯特征映射（semi-supervised Laplacian eigenmap，S2LE）（Liu and Zhou，2012）、半监督判别分析（semi-supervised discriminant analysis，SDA）（Song et al.，2008）、基于 Fisher 判别分析的半监督降维方法（semi-supervised local Fisher discriminant analysis，SELF）等（Sugiyama et al.，2010）。在半监督学习过程中，人们往往不知道类别标签信息，而知道一些其他的先验知识，如成对约束。所谓成对约束，就是不知道样本的类别标签，但是知道两个样本是属于同一类别或是不属于同一类别的。利用这种先验知识而形成的半监督降维的算法，称为基于成对约束的半监督降维。其中有代表性的算法有：基于成对约束的 Fisher 判别分析（constraint Fisher discriminant analysis，cFDA）（Bar-Hillel et al.，2005）、基于成对约束的局部保持投影（constraint locality preserving projections，cLPP）（Cevikalp et al.，2008）、基于邻域保持的半监督降维（neighborhood preserving semi-supervised dimensionality reduction，NPSSDR）等（Wei and Peng，2008）。还有利用除类别标签与成对约束信息以外的先验知识来进行半监督降维的。如 Yu 等提出的语义子空间投影（semantic subspace projection，SSP）是利用检索图像与被检索图像之间的相关信息作为先验知识来进行特征抽取并降维的（Yu and Tian，2006）；Yang 等将数据流形上的嵌入关系引入到流形学习方法当中，形成半监督流形学习的方法，如半监督等距映射（semi-supervised isometric mapping，SS-ISOMAP）和半监督局部线性嵌入（semi-supervised locally linear embedding，SS-LLE）（Yang et al.，2006）。

　　高光谱遥感数据不同于其他的高维数据，它有着相邻波段之间光谱相似度高、高连续性以及 Hughes 现象等特点（Shahshahani and Landgrebe，1994a），因此不是所有机器学习和模式识别中的方法都能有效地运用到高光谱遥感影像处理上来，通常需要根据高光谱遥感影像的特点，选择或改进原有的方法对高光谱遥感影像进行处理。半监督降维是半监督技术应用上的一个分支，目前为止所提出的高光谱遥感影像降维方法都是在原有机器学习或模式识别方法的基础上发展而来的，其基本思想与前一节的几大基本方法相类似。

　　高光谱遥感影像的半监督降维方法也是在最近几年才开始有了一定的发展。Shao 等将 SELF 算法运用到了高光谱遥感影像的降维上，并将稀疏保持投影（sparsity preserving projection，SPP）与 SELF 算法相结合（Qiao et al.，2010），提出了一种基于 SELF 的半监督稀疏降维方法（Shao and Zhang，2014）。Liao 等将非监督的局部线性特征提取方法与监督的线性判别分析（linear discriminant analysis，LDA）

相结合提出了一种无参的半监督局部判别分析（semi-supervised local discriminant analysis，SELD）方法（Liao et al.，2013；Scholkopft and Mullert，1999）。魏峰等利用高光谱遥感影像波段之间的高连续性与样本间的流形结构，提出了一种基于流形的半监督特征选择算法（manifold based semi-supervised feature selection，MSFS）（魏峰等，2014）。何文勇在谱图理论的基础上提出了一种基于 Laplacian 图的半监督降维算法用于高光谱遥感降维中（何文勇，2013）。

1.5　本书实验数据

本书使用的高光谱遥感数据是由反射式光学系统图像分光计（reflective optical system image spectrometer，ROSIS）和机载可见光/红外成像光谱仪（airborne visible infra-red image spectrometer，AVIRIS）两种传感器获取的。

Indian Pines 数据集是 NASA 于 1992 年 6 月利用 AVIRIS 传感器获取的印第安纳州西北地区的高光谱遥感影像，其影像大小为 145 列、145 行，空间分辨率为 20m，波谱范围从 400nm 到 2500nm，共包含 220 个波段。图 1-3 分别给出了 Indian Pines 数据的假彩色影像和测试样本。

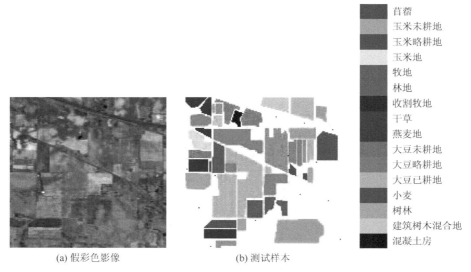

(a) 假彩色影像　　　　　(b) 测试样本

图 1-3　AVIRIS 数据假彩色影像和测试样本（见彩插）

Pavia University 数据是在 2013 年由 ROSIS 传感器获取的意大利 Pavia University 及其周边市区的高光谱影像，其影像大小为 340 列、610 行，空间分辨率为 1.3m，波谱范围从 430nm 到 860nm，共包含 113 个波段，9 种地物类型。图 1-4 分别给出了 Pavia University 数据的假彩色影像和测试样本。

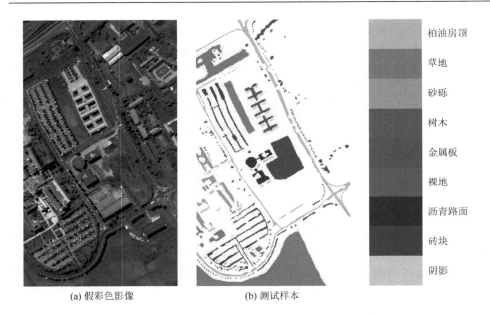

(a) 假彩色影像　　　　　(b) 测试样本

柏油房顶
草地
砂砾
树木
金属板
裸地
沥青路面
砖块
阴影

图 1-4　Pavia University 数据（见彩插）

第 2 章 半监督高光谱影像降维

2.1 半监督降维算法的理论基础

2.1.1 半监督降维概述

依据降维算法当中是否利用已知的类别标签（王旭红等，2007；张道强和陈松灿，2009），将传统的降维方法分为监督降维和非监督降维两大类。监督降维是利用已知标签的样本，挖掘样本之间的特征关系，计算投影矩阵，进行降维。非监督降维则没有已知标签样本，它是利用样本之间的特征相似度进行特征的提取，构建投影矩阵，从而进行降维。监督与非监督降维方法均在高维数据特征提取与缩减特征维数方面得到了很广泛的应用。但是监督降维的方法对标记样本的数量与质量要求高，在实际生活中，得到较多高质量的标记样本需要的成本较大，较难达到监督方法的要求；非监督降维方法由于其不受标签的限制，仅依靠样本之间的特征相似度进行特征的提取，很容易受到噪声的干扰，往往达不到较好的降维效果，这使得监督与非监督的降维方法在应用上都受到了一定的限制。所以当标记样本有限的时候，半监督的方法就能够显现出它的优势。有限的标记样本也就意味着在数据集中存在着大量的未标记样本，研究人员通过对标记样本与非标记样本的利用，设计出半监督增选样本策略，为未标记样本添加标签，以解决获取标记样本的成本问题。近年来，随着计算机科学、统计学等学科的不断发展，未标记样本的利用对解决实际问题的重要性逐步被研究人员发现，半监督降维方法也随之成为机器学习当中的研究热点之一。

半监督学习的主要思想是解决一个从已知标签预测未知标签的基本问题（孔怡青，2009），即给定一个标记样本集 $L = \{(x_i, y_i), x_i \in R^d, i = 1, 2, \cdots, n\}$，其中 x_i 为标记样本，y_i 是其对应的标签，d 为样本特征维数，n 为标记样本个数。现有一未标记样本集 $U = \{x_{ui}, x_{ui} \in R^d, i = 1, 2, \cdots, k\}$，其可能对应的标签为 $U = \{y_{ui}, i = 1, 2, \cdots, k\}$，其中 d 为样本特征数，k 为未标记样本个数。通过设计某种策略实现 $f : L \rightarrow U$，实现通过 L 数据集准确地对 U 数据集中标签进行预测。半监督学习方法是在未标记样本能够提供有用的信息以提高学习性能的基础上提出的，因此如何利用少量的标记样本和大量的未标记样本信息成为半监督学习的关键。目前，半监督学习是基于两种基本假设而设计出来的。这两种基本假设分别为：聚类假设、流形假设（侯杰等，2014）。

2.1.1.1　聚类假设（Wang et al.，2012）

如果两个点处于相同的类簇当中，它们极有可能属于同一类别。根据该假设，分类器的决策边界应该尽量通过两个聚类中心之间较为稀疏的地方，从而避免将稠密的点簇分为不同的类别。在这一假设前提下，未标记样本可以用来探测样本空间中样本点分布的稠密和稀疏区域，从而指导半监督算法对通过已标记样本学习到的决策边界进行调整，使其尽量处于样本分布的稀疏区域。

2.1.1.2　流形假设（Lafferty and Wasserman，2007）

如果边缘概率分布函数是在流形中，在流形中相互靠近的点最可能是同一类。流形假设主要考虑了模型的局部结构，突出样本局部相似性可能导致类别一致性的特点，这一假设反映了决策函数的局部平滑性。该函数同时也可以反映出流行结构的细节。在该假设下，大量未标记样本的作用就是让样本数据空间变得更加稠密，从而有助于更加准确的刻画局部区域的特征，使决策函数更好的进行数据区分。

2.1.2　常见的半监督算法概述

半监督降维算法主要分为三类：①基于类别标签的半监督降维；②基于成对约束的半监督降维；③基于其他监督信息的半监督降维。其中基于类别标签和基于成对约束的半监督降维算法最为常见，下面就这两类半监督降维方法进行具体描述。

2.1.2.1　基于类别标签的半监督降维

给定数据集 $X = \{x_i \in R^m\}_{i=1}^n$，其中 n 为样本个数，m 为每个样本的特征数。数据集 X 当中有 K 个已知类别标签的样本，记作 $X_1 = \{(x_i, y_i)\}_{i=1}^K$，其 x_i 为有标记样本，y_i 为其对应的类别标签；X 中剩余的样本为未标记样本，记为 $X_2 = \{x_j\}_{j=K+1}^n$。该方法是利用标记集 X_1 和未标记样本集 X_2 寻找 X 的一种低维表示 $Z = \{z_i \in R^d\}_{i=1}^n (d < m)$，与此同时还要满足不同算法的约束条件。

1）半监督判别分析（Song et al.，2008）

半监督判别分析（SDA）是在线性判别分析（LDA）的基础上衍生出来的一种半监督降维方法，它在 LDA 算法的基础上添加了一个正则化项，以保证在特征提取的过程中保持了样本之间的局部结构完成降维。SDA 的目标函数如下：

$$\underset{w}{\arg\max} \frac{w^T S_b w}{w^T S_t w + aJ(w)} = \underset{a}{\max} \frac{w^T S_b w}{w^T (S_t + aXLX^T + \beta I)w} \tag{2-1}$$

其中，S_b 和 S_t 分别代表样本类间离散度和样本总体离散度；$J(w)$ 为正则化项，该正则化项通过 k 邻接图来保持样本间的局部结构关系；L 为拉普拉斯矩阵，该目标函数的求解可以转化为求解一个广义特征值特征向量问题。

2）半监督局部 Fisher 判别分析（Sugiyama et al.，2010）

局部 Fisher 判别分析（LFDA）是基于 LDA 的基础上进行改进的监督降维算法（Sugiyama，2006），它与 LDA 相比有更多的优点，如其类内数据为多模态分布、克服 LDA 维数限制等。SELF 则是基于 LFDA 所提出的一种半监督降维算法，该算法将主成分分析（PCA）引入 LFDA 当中（Jolliffe，2005），在保持非标记样本局部方差的情况下也保留了 LFDA 的优点。SELF 的目标函数为

$$W_{opt} = \max_{W}[\mathrm{tr}(W^{\mathrm{T}}S^{(rlb)}W(W^{\mathrm{T}}S^{(rlw)}W)^{-1})] \tag{2-2}$$

其中，$S^{(rlb)} = (1-\beta)S^{(lb)} + \beta S^{(t)}$，$S^{(rlw)} = (1-\beta)S^{(lw)} + \beta I_d$，$W$ 为转换矩阵，$S^{(rlb)}$ 和 $S^{(rlw)}$ 分别为正则化局部类间离散矩阵和类内离散矩阵，$S^{(lb)}$ 为 LFDA 中局部类间离散矩阵，$S^{(lw)}$ 为 LFDA 中局部类内离散矩阵，$S^{(t)}$ 是总体离散度矩阵，$\beta \in [0,1]$ 为参数。

2.1.2.2　基于成对约束的半监督降维

实际情况下，获取类别标签会花费大量时间和人力，往往很难得到足够的类别标签，研究人员就会利用其他的先验知识进行半监督学习，成对约束就是其中的一种。成对约束指的是在不知道样本标签的情况下，只知道两个样本之间的关系，即是否属于同一类，利用这种先验知识进行的半监督学习称为基于成对约束的半监督学习方法。成对约束分为两类（尹学松等，2008）：正约束（must-link，ML），即两个样本属于同一类；负约束（cannot-link，CL），即两个样本不属于同一类。

1）基于成对约束的 Fisher 判别分析（cFDA）

cFDA 来自相关成分分析（relevant component analysis，RCA）算法中的一个步骤（Shental et al.，2002），首先利用 ML 把样本分成若干个聚类，然后在聚类中利用类似 LDA 中聚类散布矩阵 S_w 以及总体散布矩阵 S_t 构建目标函数，最大化目标函数

$$\max_{W} \frac{W^{\mathrm{T}}S_t W}{W^{\mathrm{T}}S_w W} \tag{2-3}$$

其中，W 为投影矩阵，该目标函数的求解可以转化为求解广义特征值特征向量的问题。

2）基于成对约束的半监督特征提取方法（SSDR）（Zhang et al.，2007）

SSDR 方法在保持数据间的内部结构信息的同时利用约束条件进行降维，其目标函数如下：

$$J(w) = \frac{1}{2n^2} \sum_{i,j} (w^{\mathrm{T}} x_i - w^{\mathrm{T}} x_j)^2 + \frac{a}{2n_C} \sum_{(x_i, x_j) \in CL} (w^{\mathrm{T}} x_i - w^{\mathrm{T}} x_j)^2$$
$$- \frac{\beta}{2n_M} \sum_{(x_i, x_j) \in ML} (w^{\mathrm{T}} x_i - w^{\mathrm{T}} x_j)^2 \qquad (2\text{-}4)$$

使目标函数最大化，即 $\max\limits_{w} J(w)$，求得转换矩阵 w。其中第一项来保持数据之间的结构信息，第二项表示降维后同类之间样本距离，第三项则表示降维后不同类之间样本距离，n_C 和 n_M 分别代表正负约束的个数。

3）基于成对约束的局部保持投影（cLPP）

cLPP 利用样本之间的局部结构完成降维工作，其主要步骤如下：首先，利用样本数据计算样本间距离从而构建出邻接矩阵；然后，通过成对约束信息对邻接矩阵中元素进行加权，增大正约束元素之间的权值，减小负约束之间的权值，同时对约束信息进行权值的传播；最后，最大化下面目标函数：

$$J(w) = \frac{1}{2} \left[\sum_{i,j} (z_i - z_j)^2 \widetilde{A_{ij}} + \sum_{i,j \in ML} (z_i - z_j)^2 - \sum_{i,j \in CL} (z_i - z_j)^2 \right] \qquad (2\text{-}5)$$

其中，$\widetilde{A_{ij}}$ 表示加权后的邻接矩阵，z_i 为原始数据样本 x_i 降维之后所对应的样本。

2.2　稀疏表示理论技术与稀疏表示分类器原理

2.2.1　稀疏表示理论技术

近年来，稀疏表示成为机器学习中的研究热点问题。最早的稀疏表示理论出现在压缩感知领域（Donoho，2006），它指出在所求系数足够稀疏的情况下 ℓ^0 范数最小化的 NP 难问题就可以转换成 ℓ^1 范数最小化问题来解决，该算法也在模式识别、机器视觉等领域得到了广泛的关注。2008 年，Julien Mairal 等将稀疏表示理论引入彩色图像还原当中，将稀疏表示引入图像信号当中（Mairal et al.，2008）；2009 年 John Wright 等将稀疏表示理论引入人脸识别领域，将人脸识别的问题采用稀疏表示的理论解决，并提出了系数表示分类器（sparse representation classifier，SRC）（Wright et al.，2009）；2011 年 Yi Chen 等将核函数引入稀疏表示理论体系当中，提出核稀疏表示（kernel sparse representation，KSR）（Chen et al.，2011a），并将其运用到了高光谱影像分类当中；同年 Yi Chen 等还将稀疏表示理论引入目标探测领域，提出一种基于稀疏表示的目标探测方法（Chen et al.，2011b）。Lishan Qiao 等将稀疏表示理论应用到高维数据降维当中，提出了稀疏保持投影（sparse preserving projections，SPP）的非监督降维方法（Qiao et al.，2010），并在人脸识别当中得以应用。2014 年 Qian Du 等利用样本的标签信息将稀疏表示引入监督降维当中，提出基于稀疏图的判别分析（sparse Graph-based discriminant analysis，SGDA）的监督降维方法（Ly et al.，2014）。

稀疏表示有两个主要任务，即稀疏字典的生成和稀疏分解。稀疏字典又分为分析字典和学习字典两类。常用的分析字典有小波字典（汪雄良和王正明，2005）、超完备 DCT 字典和曲波字典（肖泉等，2009）等。利用分析字典进行稀疏表示时实现起来较为简单，但对信号的表达形式单一且没有自适应的性能。学习字典则有自适应能力，能够很好的适应各种信号以及图像数据。常用的学习字典方法包括：FOCUSS 字典学习算法，广义 PCA 算法等（赵亮，2012）。2006 年 Micheal Elad 提出了基于超完备字典稀疏分解的 K-SVD 算法（Aharon et al.，2006），该算法的收敛速度快，但常受噪声的干扰影响稀疏字典的代表性。稀疏分解方法是求解 ℓ^1 范数所用，常见的稀疏分解方法有贪心算法，贝叶斯策略等。具体的算法有正交匹配追踪（orthogonal matching pursuit，OMP）（Pati et al.，1993）、Lasso（least absolute shrinkage and selection operator）（Figueiredo et al.，2007）、加权的 Lasso（Lasso weighted）（Angelosante and Giannakis，2009）、坐标下降法（coordinate descent，CD）（Friedman et al.，2010）、同步正交匹配追踪（simultaneous orthogonal matching pursuit，SOMP）等（Yang and Li，2012）。

稀疏表示理论旨在用最少的非零元素来表达原有信号的主要信息，达到降低信号处理和求解时的计算复杂度。给定原始信号 $x \in R^m$ 和一个完备字典 $D = [d_1, d_2, \cdots, d_n] \in R^{m \times n}$，稀疏表示的目的是用尽量少的 D 中的元素来表示信号 x，所以其目标函数可以表示为

$$\min_s \|s\|_0, \quad \text{s.t.} \; x = Ds \qquad (2\text{-}6)$$

其中，$s \in R^n$ 是个系数向量；$\|s\|_0$ 是 ℓ^0 范数，其值等于 s 中非零元素的个数。但是，以上式子的求解问题是不可以在多项式时间内求解的，即 NP 难问题（NP-hard）。上述问题可以近似于求解下面问题

$$\min_s s_1, \quad \text{s.t.} \; x = Ds \qquad (2\text{-}7)$$

式中用 ℓ^1 范数代替 ℓ^0 范数，因为当系数向量 s 足够稀疏的情况下，ℓ^0 范数最小化问题就等于 ℓ^1 范数最小化问题。再利用稀疏分解的方法得到最终的稀疏表示系数。稀疏表示示意图如图 2-1 所示。

2.2.2　稀疏表示分类器原理

稀疏表示分类器（sparse representation-based classifier，SRC）是一种利用样本标签的监督分类器。它利用训练样本组建稀疏字典，然后通过稀疏表示理论得到各样本的重构系数，再通过某种策略确定各个样本的类别标签。SRC 的具体原理如下：

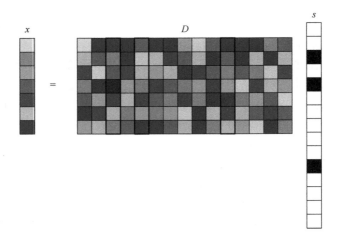

图 2-1　稀疏表示示意图

首先给定训练样本集 $\boldsymbol{T}=\{t_1,t_2,\cdots,t_n\}\in R^m$，其中 n 为训练样本个数，m 为每个样本的特征数，将训练样本按照类别重新排列组成稀疏字典 $\boldsymbol{A}=[A_1,A_2,\cdots,A_k]\in R^{m\times n}$，其中 k 表示类别数，$A_i=\left\{\begin{matrix}m\\1\end{matrix}\middle|\,t_j\in class\,i\right\}$。现有一未知标签样本 y，该样本属于 k 个类别当中的一个，利用稀疏字典 $\boldsymbol{A}$ 对 y 进行稀疏表示，即解下面 ℓ^1 范数最小化问题

$$\hat{x}=\arg\min_{x}\|x\|_1 \quad \text{s.t.} \|Ax-y\|_2\leqslant\varepsilon \tag{2-8}$$

其中，$\varepsilon>0$ 为较小的容错度。对于类别 i 定义一个函数 δ_i，该函数的功能为选择 $\hat{x}$ 中与第 i 类相关的系数，$\delta_i(x)$ 表示一个新的向量，其 x 中的非零元素与第 i 类有关，其余元素都为零。因此利用函数 $\delta_i(\hat{x})$ 对样本 y 进行近似值估计，即 $\hat{y}_i=A\delta_i(\hat{x})$，然后计算样本 y 与估算值 $\hat{y}_i$ 的差值二范数 $r_i(y)$

$$r_i(y)=\|y-A\delta_i(\hat{x})\|_2 \tag{2-9}$$

样本 y 的标签为 $r_i(y)$ 所对应的 i 的值，即

$$l=\arg\min_{i}r_i(y) \tag{2-10}$$

稀疏表示分类器的算法流程如下：

算法：SRC 分类器

1）输入：稀疏字典 $\boldsymbol{A}=[A_1,A_2,\cdots,A_k]\in R^{m\times n}$，未知标签样本 y，较小的容错度 $\varepsilon>0$。

2）对样本 y 进行稀疏表示，即求解以下 ℓ^1 范数最小化问题

$$\hat{x} = \arg\min_{x} \| x \|_1 \quad \text{s.t.} \| Ax - y \|_2 \leqslant \varepsilon \qquad (2\text{-}11)$$

3）计算样本 y 与估算值 $\hat{y}_i$ 的差值二范数 $r_i(y)$

$$r_i(y) = \| y - A\delta_i(\hat{x}) \|_2 \qquad (2\text{-}12)$$

4）for i=1: k

找到满足表达式 $\arg\min\limits_{i} r_i(y)$ 所对应的 i；

    return i；

endfor

5）确定样本 y 属于第 i 类。

2.2.3　基于小波去噪的稀疏表示分类器原理

近些年，小波变换理论得到了迅速的发展，其在图像去噪方面也受到了国内外学者密切关注并投入了大量的精力进行研究（文莉和葛运建，2002）。因此利用小波理论对图像进行去噪取得了较好的图像去噪效果。小波变换有如下几个特点（储鹏鹏，2009）：①低熵性，由于小波变换后的变换系数呈稀疏分布，因此变换后的图像具有低熵性的特点；②多分辨率，利用多分辨率的方法，能够更好的表示信号特征；③去相关性，小波变换可以对信号进行去相关处理，这样使得噪声在变换后有白化趋势，更利于噪声的去除；④多样变换基，在小波变换当中可以根据研究对象的不同选择不同的变换基进行小波变换，以达到更好的去噪效果。

利用小波原理的方法众多，但基本流程相似。首先利用不同的滤波器即小波函数对二维影像进行小波分解，通常根据需要进行不同级别的小波分解得到低通滤波器下采样的不同级别低频小波系数。常见的小波函数有 Daubechies 小波（王建中和张晖，2001）、Coiflets 小波（宋宇等，2009）、Symlets 小波（张晓阳等，2012）、Morlet 小波（吴勇，2007）、Biorthogonal 小波等（费佩燕和刘曙光，2001）。图 2-2 给出了二级小波分解的过程示意图，该图中 S 表示一个二维图像，A1、hD1、dD1、vD1 分别表示经过一级小波分解后的低频小波系数、水平高频小波系数、对角线高频小波系数、纵向高频小波系数。然后再对 A1 进行二级小波分解，同样 A2、hD2、dD2、vD2 分别表示二级小波分解后的低频小波系数、水平高频小波系数、对角线高频小波系数、纵向高频小波系数。最后通过小波系数重构图像，即利用不同级别低频小波系数和不同的小波函数上采样得到去噪后的影像。

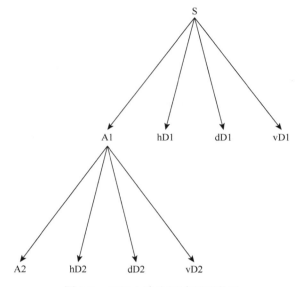

图 2-2　二级小波分解过程示意图

　　依据稀疏表示分类器有着对噪声敏感的特性，故将其与小波的去噪方法相结合，提出一种基于小波去噪的稀疏表示分类器（wavelet de-noise-based sparse representation classifier，WDBSRC），进而有效地提升稀疏表示分类器的分类能力。其算法流程如图 2-3 所示，输入高光谱遥感影像数据集以及对应的训练样本，通过结合小波去噪的稀疏表示分类器对高光谱影像进行分类，最终得到分类结果。

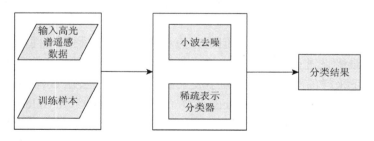

图 2-3　基于小波去噪的稀疏表示分类算法流程图

2.3　基于监督学习的稀疏降维算法

2.3.1　监督稀疏降维算法原理

　　Cheng 和 Yang 等提出了稀疏保持图嵌入方法（sparsity-preserving graph-embedding，SPGE），最早把稀疏表示理论引入到高维数据降维当中（Cheng et al.，2010）。在此基础上 Qian Du 等又基于非监督稀疏降维方法提出了一种监督的稀疏表示降维算法（block sparse graph-based discriminant analysis，BSGDA）（Ly et al.，2014）。该方法旨在利用高维数据中样本的标签信息，对高光谱遥感影像进行降维。该方法充分利用了标记样本信息，为下文所要研究的半监督降维方法提供了重要的理论基础。

监督稀疏降维方法 BSGDA 是在非监督稀疏降维方法 SPGE 的基础上提出的，此处先对 SPGE 的理论知识做简要介绍，进而引出 BSGDA 算法原理。

给定高光谱遥感数据集 $X = \{x_1, x_2, \cdots, x_N\} \in R^{M \times N}$，其中 M 为高光谱数据的维数，N 为高光谱数据的像素个数。首先对数据集中某一数据 x_n 根据稀疏表示理论得到该数据集的稀疏系数向量 a_n，即

$$\min_{a_n} \| a_n \|_1 \ \text{s.t.} \ \| X_n a_n - x_n \|_2^2 \leqslant \epsilon \tag{2-13}$$

其中，$X_n = [x_1, \cdots, x_{n-1}, x_{n+1}, \cdots, x_N] \in R^{M \times (N-1)}$，$a_n = [a_{n,1}, \cdots, a_{n,N-1}]^T \in R^{N-1}$，较小的阈值 $\epsilon > 0$。对数据集中所有的像素都进行稀疏表示，便得到稀疏矩阵 $A = [a_1, a_2, \cdots, a_n] \in R^{(N-1) \times N}$，相似性矩阵 $W_s \in R^{N \times N}$ 由稀疏矩阵 A 可得

$$(W_s)_{n,n'} = \begin{cases} 0, & n = n' \\ a_{n,n'}, & n > n' \\ a_{n,n'-1}, & n < n' \end{cases} \tag{2-14}$$

该降维算法旨在寻找投影矩阵 P，使得 $Y = P^T X$，而该投影矩阵可以通过解求最优化方程得到，即

$$\begin{aligned} P^* &= \underset{P^T X L_p X^T P = I_{K \times K}}{\text{argmin}} \sum_{n,n'} \| P^T x_n - P^T x_{n'} \|^2 (W_s)_{n,n'} \\ &= \underset{P^T X L_p X^T P = I_{K \times K}}{\text{argmin}} \ \text{tr}(P^T X L_s X^T P) \end{aligned} \tag{2-15}$$

其中，$L_s = (I_{N \times N} - W_s)^T (I_{N \times N} - W_s)$，$L_P = I_{N \times N}$，$K$ 为最终降维所保留的维数。以上最优化方程也可转化为求解广义特征值特征向量问题，即

$$X L_s X^T p_k = \lambda_k X L_p X^T p_k \tag{2-16}$$

其中，$p_k \in R^N$ 是第 k 小特征值 λ_k 所对应的特征向量。投影矩阵 P 为

$$P = [p_1, p_2, \cdots, p_k] \in R^{M \times K} \tag{2-17}$$

最终得到降维后的结果 $Y = P^T X \in R^{K \times N}$。其算法流程如下：

算法：SPGE 降维算法流程

1）输入数据 $X = [x_1, x_2, \cdots, x_n] \in R^{M \times N}$，$K(K < N)$为最终降维保留维数

2）**for** n=1 **to** N **do**

3）对 x_n 进行稀疏表示，得到稀疏系数向量 a_n

$$\min_{a_n} \| a_n \|_1 \text{ s.t.} \| X_n a_n - x_n \|_2^2 \leqslant \epsilon$$

其中，$X_n = [x_1, \cdots, x_{n-1}, x_{n+1}, \cdots, x_N] \in R^{M \times (N-1)}$

$$a_n = [a_{n,1}, \cdots, a_{n,N-1}]^T \in R^{N-1}$$

$\epsilon > 0$ 为较小的阈值

4）**end for**

5）构建相似矩阵 $\boldsymbol{W}_s \in R^{N \times N}$

$$(\boldsymbol{W}_s)_{n,n'} = \begin{cases} 0, & n = n' \\ a_{n,n'}, & n > n' \\ a_{n,n'-1}, & n < n' \end{cases}$$

6）解广义特征值特征向量问题得到投影矩阵元素

$$X\boldsymbol{L}_s X^T p_k = \lambda_k X \boldsymbol{L}_p X^T p_k$$

其中，$\boldsymbol{L}_s = (I_{N \times N} - \boldsymbol{W}_s)^T (I_{N \times N} - \boldsymbol{W}_s)$

$$\boldsymbol{L}_P = I_{N \times N}$$

K 为最终降维所保留的维数

$p_k \in R^N$ 是第 k 小特征值 λ_k 所对应的特征向量

7）组织投影矩阵 $\boldsymbol{P}$

$$\boldsymbol{P} = [p_1, p_2, \cdots, p_k] \in R^{M \times K}$$

8）求解最终降维结果：

$$Y = \boldsymbol{P}^T X \in R^{K \times N}$$

监督的稀疏降维算法 block sparse graph-based discriminant analysis（BSGDA）是在非监督稀疏降维算法 SPGE 的基础上引入样本标签信息而得到的，两者的主要区别就是是否在对数据进行稀疏表示时利用标签信息，仅采用与所表示样本同类的样本构建字典进行稀疏表示。其具体方法如下：

给定高光谱遥感数据集 $X = \{x_1, x_2, \cdots, x_N\} \in R^M$ 和其对应的类别标签 $Z = \{z_1, \cdots, z_N\}$，其中 M 为高光谱数据的维数，N 为高光谱数据的像素个数。假设数据集一共有 p 类，第 i 类 C_i 中的样本个数用 N_i 来表示，因此 $\sum_{i=0}^{p} N_i = N$。然后将样本按

照类别标签进行重排列，即 $\{z_i\}\big|_{i=1}^{N_0} = C_0, \{z_i\}\big|_{i=N_0+1}^{N_0+N_1} = C_1, \cdots, \{z_i\}\big|_{i=N-N_{p-1}+1}^{N} = C_p$，因此同类中所对应的相似矩阵 $\boldsymbol{W}_s$ 为 $\{w_{i,j}\}\big|_{i=1:N_1}^{j=1:N_1}, \{w_{i,j}\}\big|_{i=N_1+1:N_2}^{j=N_1+1:N_2}, \cdots, \{w_{i,j}\}\big|_{i=N-N_p+1:N}^{j=N-N_p+1:N}$，对于某一类样本来说，其相似矩阵仅在其对应的 $w_{i,j}$ 才可能有非零元素，其他区域都为零。

得到相似矩阵之后其基本流程与非监督稀疏降维方法一致，其算法流程如下：

算法：监督稀疏降维算法 BSGDA

1）输入高光谱数据 $X = [x_1, x_2, \cdots, x_N] \in R^{M \times N}$ 和其对应的标签 $Z = [z_1, \cdots, z_N]$，假设数据集一共有 p 类，第 i 类 C_i 中的样本个数用 N_i 来表示，将样本按照类别标签进行重排列，即 $\{z_i\}\big|_{i=1}^{N_0} = C_0, \{z_i\}\big|_{i=N_0+1}^{N_0+N_1} = C_1, \cdots, \{z_i\}\big|_{i=N-N_{p-1}+1}^{N} = C_p$

2）**for** i=0 **to** p **do**

3）**for** j=1 **to** N_i **do**

4）对 x_j 进行稀疏表示，得到稀疏系数向量 a_j

$$\min_{a_j} \| a_j \|_1 \text{ s.t.} \| X_j^{C_i} a_j - x_j^{C_i} \|_2^2 \leqslant \epsilon$$

其中，$X_j^{C_i} = \{x_n \in C_i, x_n \neq x_j\}$，

$$a_j = [a_{j,1}, \cdots, a_{j,N_i-1}]^{\mathrm{T}} \in R^{N-1}$$

$\epsilon > 0$ 为较小的阈值

5）构建"含零"的稀疏系数向量 a'_j，即

$$a'_j = [0, \cdots, 0, a_j^{\mathrm{T}}, 0, \cdots, 0]^{\mathrm{T}}$$

其中，a_j 前后填零的个数分别为 $\sum_{k=1}^{i-1} N_k$ 和 $\sum_{k=i+1}^{p} N_k$

6）**end for**

7）**end for**

8）构建相似矩阵 $\boldsymbol{W}_s \in R^{N \times N}$

$$(\boldsymbol{W}_s)_{n,n'} = \begin{cases} 0, & n = n' \\ a_{n,n'}, & n > n' \\ a_{n,n'-1}, & n < n' \end{cases}$$

9）解广义特征值特征向量问题得到投影矩阵元素

$$X\boldsymbol{L}_s X^{\mathrm{T}} p_k = \lambda_k X\boldsymbol{L}_p X^{\mathrm{T}} p_k$$

其中，$\boldsymbol{L}_s = (I_{N \times N} - \boldsymbol{W}_s)^{\mathrm{T}} (I_{N \times N} - \boldsymbol{W}_s)$

$$L_p = I_{N \times N}$$

K 为最终降维所保留的维数

$p_k \in R^N$ 是第 k 小特征值 λ_k 所对应的特征向量

10）组织投影矩阵 $\boldsymbol{P}$

$$\boldsymbol{P} = [p_1, p_2, \cdots, p_k] \in R^{M \times K}$$

11）求解最终降维结果

$$Y = \boldsymbol{P}^{\mathrm{T}} X \in R^{K \times N}$$

2.3.2 依据标签信息构建稀疏图理论分析

通过上一小节对监督稀疏算法的介绍可以看出，在构建稀疏相似矩阵时，其矩阵大小为 $N \times N$，若高光谱遥感数据维数较大时，其相似矩阵的大小也会异常庞大，在之后的广义特征值求解的过程中计算量将非常大，所占用计算机内存多，并且计算效率低下。在通过对公式的严密推导过后，发现其相似矩阵的大小与最终投影矩阵的求解没有必然联系，也就是说，原有的监督稀疏降维方法在构建稀疏相似矩阵（L1-graph）的时候可以仅利用带标签的样本构建维数更小的稀疏相似矩阵（构小图）以进行监督稀疏降维算法。

降维后的结果 Y 是通过投影矩阵对原始数据进行矩阵运算而得到的，即：$Y = \boldsymbol{P}^{\mathrm{T}} X \in R^{K \times N}$。而投影矩阵的矩阵大小为 $M \times K$，由此可以看出投影矩阵与样本的个数是没有关系的。投影矩阵 $\boldsymbol{P}$ 是通过求解由稀疏相似矩阵 $\boldsymbol{W}_s$ 所构成的特征值特征向量问题而得到的，相似矩阵 $\boldsymbol{W}_s$ 的大小与参与构建相似矩阵的样本个数有关，因此可以设想若能够选择适量的可以表示原始数据的部分样本用来构建相似矩阵 $\boldsymbol{W}_s$ 进而求解投影矩阵 $\boldsymbol{P}$，其最终的降维效果会与用全部样本所得到的结果相似，但可以大大减少计算量以及运算时间。其算法基本流程如下：

算法：利用"构小图"的 BSGDA

1）输入高光谱数据 $X = [x_1, x_2, \cdots, x_N] \in R^{M \times N}$ 和其对应的标签 $Z = [z_1, \cdots, z_N]$，假设高光谱数据一共有 p 类。仅利用训练样本重新构建参与构图的数据 $X' = [x_1', x_2', \cdots, x_{N'}'] \in R^{M \times N'}$，以及其对应的标签 $Z' = [z_1', \cdots, z_{N'}']$，其中 N' 为训练样本个数

2）第 i 类 C_i 中的样本个数用 N_i' 来表示，将样本按照类别标签进行重排列，即

$$\{z_i\}\Big|_{i=1}^{N_1'}=C_1, \{z_i\}\Big|_{i=N_1'+1}^{N_1'+N_2'}=C_2, \cdots, \{z_i\}\Big|_{i=N'-N_{p-1}'+1}^{N'}=C_p$$

3）**for** i=0 **to** p **do**

4）**for** j=1 **to** N_i' **do**

5）对 x_j 进行稀疏表示，得到稀疏系数向量 a_j

$$\min_{a_j}\|a_j\|_1 \text{ s.t.}\|X_j^{C_i}a_j-x_j^{C_i}\|_2^2 \leqslant \epsilon$$

其中，$X_j^{C_i}=\{x_n \in C_i, x_n \neq x_j\}$ ，

$$a_j=[a_{j,1}\cdots a_{j,N'-1}]^{\mathrm{T}} \in R^{N'-1}$$

$\epsilon > 0$ 为较小的阈值

6）构建"含零"的稀疏系数向量 a_j' ，即

$$a_j'=[0,\cdots,0,a_j^{\mathrm{T}},0,\cdots,0]^{\mathrm{T}}$$

其中，a_j 前后填零的个数分别为 $\sum_{k=1}^{i-1}N_k'$ 和 $\sum_{k=i+1}^{p}N_k'$

7）**end for**

8）**end for**

9）构建相似矩阵 $W_s \in R^{N' \times N'}$

$$(W_s)_{n,n'}=\begin{cases} 0, & n=n' \\ a_{n,n'}, & n>n' \\ a_{n,n'-1}, & n<n' \end{cases}$$

10）解广义特征值特征向量问题得到投影矩阵元素

$$XL_sX^{\mathrm{T}}p_k=\lambda_k XL_pX^{\mathrm{T}}p_k$$

其中，$L_s=(I_{N'\times N'}-W_s)^{\mathrm{T}}(I_{N'\times N'}-W_s)$

$$L_p=I_{N'\times N'}$$

K 为最终降维所保留的维数

$p_k \in R^N$ 是第 k 小特征值 λ_k 所对应的特征向量

11）组织投影矩阵 P

$$P=[p_1,p_2,\cdots,p_k] \in R^{M\times K}$$

12）求解最终降维结果：

$$Y=P^{\mathrm{T}}X \in R^{K\times N}$$

2.3.3　试验与结果分析

2.3.3.1　试验设计

本章试验数据采用 AVIRIS：Indian Pines 和 ROSIS：Pavia 两组高光谱影像，分别在其提供的测试样本中随机抽取 10%的样本作为训练样本集，剩余样本作为测试样本集。试验中为了比较构建小的稀疏相似矩阵（构小图）与原有的稀疏相似矩阵（构全图）在计算效率的差异，降维后保留前 100 维特征。试验则采用两种不同的构建稀疏相似矩阵的方法分别在同一台计算机上运行相同的数据，试验计算机的处理器为 Intel Core i7 @ 2.93GHz，内存为 16.0GB，采用 64 位 Windows 7 操作系统，利用 MATLAB2012b 进行代码的编写和实验。

2.3.3.2　AVIRIS：Indian Pines 试验结果与分析

表 2-1 给出了 AVIRIS：Indian Pines 数据利用两种构图方法，即构建小的稀疏相似矩阵（构小图）和构建全的稀疏相似矩阵（构全图）所用时间及两种图降维后数据的 SVM 分类精度。由该表可以看出利用前面提出的构小图的理论对 Indian Pines 进行监督降维所用的时间为 439.9s，远远小于构全图方法所消耗的时间，其算法效率提高了 200 多倍，大大的提高了运算效率，其降维后的分类精度两者相近且构小图的方法在分类精度上略有提高。这为 BSGDA 方法在实际应用中打下了一定的基础。

表 2-1　Indian Pines 数据利用标签信息构小图所用时间与降维后分类精度统计表

	运行时间/s	分类精度/%
构小图	439.9	86.51
构全图	100290	84.89
提高运算速率倍数	227.9836	

图 2-4 分别以降维后分类精度与构图所用时间作为横轴和纵轴，因此可以更好的展现两种构图方法在构图时间与降维后分类精度之间的对比。纵向上看，构全图的方法所消耗的时间远大于构小图所用的时间，因此在运算效率上构小图的方法明显好于构全图的方法。横向上看，两者的分类精度都在 85%左右，构小图的方法略高于构全图的方法。图 2-5 给出了两种构图方法的降维结果按每 5 个波段进行 SVM 分类并统计分类精度，同时引入 LE 这种常见降维方法留作比对。从该图可以看出，利用构小图的方法得到的降维结果较构全图的方法得到的降维结果略好，两者相比 LE 方法有较高的提升。

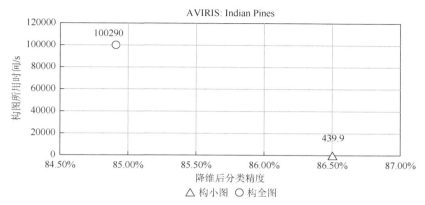

图 2-4　Indian Pines 数据两种构图方法所用时间与降维后分类精度对比图

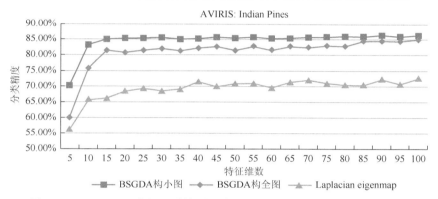

图 2-5　Indian Pines 数据两种构图方法与 LE 按波段分类精度统计走势图

2.3.3.3　ROSIS：Pavia 试验结果与分析

表 2-2 展示了 ROSIS：Pavia 数据利用两种构图方法，即构建小的稀疏相似矩阵（构小图）和构建全的稀疏相似矩阵（构全图）所消耗的时间以及这两种构图方法降维后数据的 SVM 分类精度。与前两组实验相似，由该表同样可以看出利用构小图的方法对 ROSIS 进行 BSGDA 降维所用的时间为 80.9s，而利用构全图的方法所消耗的时间为 70608.7s，构小图的方法所用的时间远小于构全图所用到的方法，其算法效率提高了 870 多倍，大大的提高了运算效率。而对于两种方法降维后的分类精度，构小图的方法略高于构全图的方法，但都保持在 95% 左右。

表 2-2　Pavia 数据利用标签信息构小图所用时间与降维后分类精度统计表

	运行时间/s	分类精度/%
构小图	80.9	96.37
构全图	70608.7	94.61
提高运算速率倍数	872.218	

图 2-6 将表 2-2 以坐标图的形式展现出来，以更好的展现两种构图方法在构图时间与降维后分类精度之间的差异。该图分别以降维后分类精度与构图所用时间作为横轴和纵轴。与前两组实验的结论相似，纵向上看，构全图的方法所用的时间远大于构小图所用的时间，因此在运算效率上构小图的方法明显好于构全图的方法。横向上看，构小图的方法高于构全图的方法，两者的分类精度都在 95% 左右。图 2-7 给出了两种构图方法的降维结果按每 5 个波段进行 SVM 分类并统计分类精度，同时引入 LE 这种常见降维方法留作比对。从该图可以看出，构全图的方法在对前几个波段进行分类时其分类精度较低，随着参与分类的波段数的增加，其分类精度提升平稳，最终其分类精度略低于构小图的方法。构小图的方法在一开始就有着不错的分类精度，随后基本保持平稳的同时略有上升，好于 LE 的降维效果。最终对前 100 维进行分类的精度均高于 90%，其中构小图的 BSGDA 方法取得的降维效果最好。

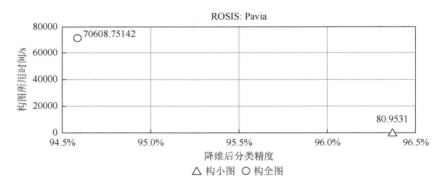

图 2-6　Pavia 数据两种构图方法所用时间与降维后分类精度对比图

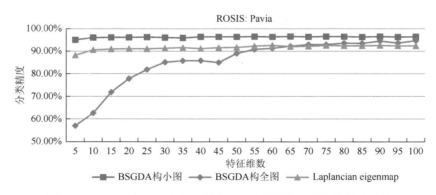

图 2-7　Pavia 数据两种构图方法与 LE 按波段分类精度统计走势图

2.4　基于稀疏表示的半监督高光谱遥感影像降维

2.4.1　增选样本策略

Qian Du 等在 2014 年 6 月提出了一种监督的稀疏表示降维算法——基于稀疏图的判别分析法（block sparse graph-based discriminant analysis，BSGDA）。该方法是在稀疏保持图嵌入（sparsity-preserving graph-embedding，SPGE）这种非监督的稀疏降维方法的基础上引入类别标签信息而构建而成的。本章的研究内容主要是在 BSGDA 的基础上提出一种基于稀疏表示的半监督降维算法——基于稀疏图的半监督判别分析（semi-supervised sparse graph-based discriminant analysis，SS-SGDA），旨在利用小样本的类别标签信息通过半监督的增选策略引入非标记样本，从而实现半监督降维的目的。SS-SGDA 采用了两种半监督增选样本策略，它们分别是上文中所提到的基于小波去噪稀疏分类器（wavelet de-noise-based sparse representation classifier，WDBSRC）和 2014 年 Wei Li 等提出的最邻近正规化子空间（nearest regularized subspace，NRS）（Li et al.，2014）。这两种半监督增选样本的策略有着一个共同的特点，即当训练样本个数较小时其分类能较强，能够较准确地将未标记样本进行标记从而进行样本的增选。

2.4.1.1　基于小波去噪稀疏分类器的增选样本策略

已知数据集 X，以及训练样本的标签集。首先对数据集进行小波去噪处理；然后通过对训练样本的重排组建字典 $A = [x_1 \cdots x_N]$，其中 $x_n = [x_{n,1} \cdots x_{n,k}] \in R^{M \times k}$，$N$ 为类别总数，k 为训练样本中每一类的样本个数，其不同类别的样本个数可能不同，M 为样本的维数。现有一个未知样本 y，该样本属于训练样本当中的某一类。首先，利用字典 A 对未知样本 y 进行稀疏表示 $\hat{x}_1$，$\hat{x}_1$ 是通过求解下列 ℓ_1 最小化问题得到的。

$$\hat{x}_1 = \arg\min \| x \|_1 \text{ s.t.} \| Ax - y \|_2 \leqslant \varepsilon \tag{2-18}$$

其中，$\varepsilon > 0$ 是个很小的阈值。对于每个类别 i 定义函数 δ_i 用来选择 $\hat{x}_1$ 中与类别 i 相关的元素，$\delta_i(x)$ 表示一个新的向量，其中非零元素是 x 中与类别 i 相关的元素，其余元素均置零。利用 $\delta_i(\hat{x}_1)$ 可以得到 y 的近似值 $\hat{y}_i = A\delta_i(\hat{x}_1)$，因此通过对比 y 与近似值 $\hat{y}_i$ 之间的残差 σ 来确定 y 的类别。

$$\sigma = \min_i r_i(y) = \| y - A\delta_i(\hat{x}_1) \|_2 \tag{2-19}$$

对于所有的未标记样本 $Y = \{y_1 \cdots y_w\} \in R^M$，通过上式可以得到其对应的类别标签集 $L = \{l_1 \cdots l_w\}$ 和残差集 $\sum = \{\sigma_1 \cdots \sigma_w\}$。在此基础上选择 j 个在 $\sum$ 中残差值最

小的样本进行增选，其中 j 是每次增选样本的个数，增选样本的标签是 L 中所对应的元素。

2.4.1.2 基于最邻近正规化的增选样本策略

与大多数监督分类方法一样，已知训练样本并利用训练样本通过线性或非线性的方法对未标记样本 y 进行近似值的解求。$\widetilde{y_\ell}$ 表示仅利用类别 ℓ 有关的训练样本所得到的 y 的近似值。

$$\widetilde{y_\ell} = X_\ell (X_\ell^{\mathrm{T}} X_\ell + \lambda \varGamma_{\ell,y}^{\mathrm{T}} \varGamma_{\ell,y})^{-1} X_\ell^{\mathrm{T}} y = H_{NRS} y \qquad (2\text{-}20)$$

其中，X_ℓ 表示标签为 ℓ 的训练样本；λ 为值在 0 到 1 之间的参数；$\varGamma_{\ell,y}$ 为偏吉洪诺夫矩阵（Tikhonov matrix）。$\varGamma_{\ell,y}$ 可以通过下式计算得到

$$\varGamma_{\ell,y} = \begin{bmatrix} \| y - x_{\ell,1} \|_2 & & 0 \\ & \cdots & \\ 0 & & \| y - x_{\ell,n_\ell} \|_2 \end{bmatrix} \qquad (2\text{-}21)$$

其中，$x_{\ell,1}, x_{\ell,2}, \cdots, x_{\ell,n_\ell}$ 是 X_ℓ 中的元素。与 2.3.1 方法类似，通过对比 y 与近似值 $\widetilde{y_\ell}$ 之间的残差 σ 来确定 y 的类别，即

$$\sigma = \min_{\ell \in 1,\cdots,C} r_\ell = \min_{\ell \in 1,\cdots,C} \left\| \widetilde{y_\ell} - y \right\|_2^2 \qquad (2\text{-}22)$$

$$l = \arg \min_{\ell \in 1,\cdots,C} r_\ell = \min_{\ell \in 1,\cdots,C} \left\| \widetilde{y_\ell} - y \right\|_2^2 \qquad (2\text{-}23)$$

其中，C 是类别数，l 为非标记样本的预测标签。

对于非标记样本集 $Y = \{y_1 \cdots y_W\} \in R^M$，可以通过上述方法得到其对应的标签集 $L = [l_1 \cdots l_w]$ 和残差集 $\Sigma = [\sigma_1 \cdots \sigma_w]$。同样，选择 Σ 中最小的 j 个残差所对应的样本进行样本的增选，其中 j 是每次增选样本所增加的个数，标签为其在 L 中所对应的标签。

2.4.2 基于稀疏图的半监督判别分析

基于稀疏图的半监督判别分析（SS-SGDA）是一种以图理论为基础所提出的半监督高维数据降维方法。该方法利用 2.4 节所提到的两种增选样本策略进行半监督样本的增选。其算法的具体流程如下：

假设有数据集 $X = \{x_1 \cdots x_M\}$，其数据集中样本对应的标签集合 $Z = \{z_1 \cdots z_M\}$，其中 $z_m \in \{0,1,2,\cdots,p\}$，$p$ 为数据集的类别个数，$z_m = 0$ 表示 x_m 为未标记样本。首先定义一个类别容器用来存放相同类别的样本

$$C_i = \{z_k \mid_{k=1}^M, z_k = i, i \in (1,2,\cdots,p)\} \qquad (2\text{-}24)$$

接下来对未标记样本 x_m （即 $z_m \neq 0$ ）进行稀疏表示，可以通过求解以下 ℓ_1 最优化问题得到

$$\min_{a_m} \| a_m \|_1 \text{ s.t. } \left\| X_m^{C_i} a_m - x_m^{C_i} \right\|_2^2 \leqslant \epsilon \tag{2-25}$$

其中，$X_m^{C_i} = \{x_k \in C_i, x_k \neq x_m\}$ ；$\epsilon > 0$ 为较小的阈值。

因此相似矩阵可由下式得到

$$(\boldsymbol{W}_s)_{m,m'} = \begin{cases} 0, & m = m' \\ a_{m,m'}, & m > m' \\ a_{m,m'-1}, & m < m' \end{cases} \tag{2-26}$$

投影变化矩阵 $\boldsymbol{P}$ 同样需要求解最有化问题得到

$$\begin{aligned} \boldsymbol{P}^* &= \underset{\boldsymbol{P}^T XL_p X^T P = I}{\arg\min} \sum_{m,m'} \left\| \boldsymbol{P}^T x_m - \boldsymbol{P}^T x_{m'} \right\|^2 (\boldsymbol{W}_s)_{m,m'} \\ &= \underset{\boldsymbol{P}^T XL_p X^T P = I}{\arg\min} \text{ tr}(\boldsymbol{P}^T XL_s X^T \boldsymbol{P}) \end{aligned} \tag{2-27}$$

其中，$\boldsymbol{L}_s = (I - \boldsymbol{W}_s)^T (I - \boldsymbol{W}_s)$ ；$\boldsymbol{L}_p = I$ 。然后通过 2.4 节的两种增选样本的方法进行样本的增选，从而构建新的标签集 $Z_1 = \{z_{1,1} \cdots z_{1,M}\}$ ，接下来按照上述方法得到新的投影变换矩阵 $\boldsymbol{P}$ ，直到得到理想的降维结果。

SS-SGDA 算法可以简单用伪代码的方式进行阐述：

算法：SS-SGDA 算法流程

1）输入数据：数据集 $\boldsymbol{X} = [x_1 \cdots x_M] \in R^{N \times M}$ ；标签集 $Z = [z_1 \cdots z_M]$ ；所降维维数 $K(K < N)$ ，其中 $z_m \in \{0, 1, 2, \cdots, p\}$ ，p 为数据集 X 中的类别总数。

2）定义类别容器，存放同类别的样本

$$C_i = \{z_k \mid_{k=1}^{M_i}, z_k = i\}, i = \{1, \cdots, p\}$$

其中，M_i 为类别容器 C_i 中元素的个数。

3）稀疏表示：

for i=1 to p
　　for j=1 to M_i
　　do　通过求解 l_1 最优化问题得到 x_j 的稀疏表示：

$$\min_{a_j} \| a_j \|_1 \text{ s.t. } \left\| X_j^{C_i} a_j - x_j^{C_i} \right\|_2^2 \leqslant \epsilon$$

其中，$X_j^{C_i} = \{x_m \in C_i, x_m \neq x_j\}$ ；$\epsilon > 0$ 为很小的阈值。

　　　endfor
endfor

4）构建相似矩阵 $\boldsymbol{W}_s \in R^{M \times M}$

$$(\boldsymbol{W}_s)_{m,m'} = \begin{cases} 0, & m = m' \\ a_{m,m'}, & m > m' \\ a_{m,m'-1}, & m < m' \end{cases}$$

5）通过求解特征值特征向量问题得到投影变换矩阵 $\boldsymbol{P}$

$$XL_s X^{\mathrm{T}} p_k = \lambda_k X L_p X^{\mathrm{T}} p_k$$

其中，$\boldsymbol{L}_s = (I_{M \times M} - \boldsymbol{W}_s)^{\mathrm{T}}(I_{M \times M} - \boldsymbol{W}_s)$；$\boldsymbol{L}_p = I_{M \times M}$；$p_k \in R^N$ 是第 k 小的特征值 λ_k 所对应的特征向量。

6）投影变换矩阵：

$$\boldsymbol{P} = [p_1 \cdots p_k] \in R^{N \times K}$$

7）降维结果：

$$Y = \boldsymbol{P}^{\mathrm{T}} X \in R^{k \times M}$$

8）半监督增选样本：利用 2.4 节的半监督增选样本策略增选样本形成新的 $Z_1 = [z_{1,1} \cdots z_{1,M}]$，重复 2）~7）步，直到得到理想的降维结果为止。

2.4.3　试验与分析

2.4.3.1　试验设计

本章所采用的试验数据为 AVIRIS 和 ROSIS 两种高光谱遥感影像的两组数据，它们分别是 AVIRIS：Indian Pines、ROSIS：Pavia。对于 AVIRIS：Indian Pines 来说从测试样本中每类随机抽取 10 个样本作为降维的初始样本集，该数据集共 16 类，即初始训练样本的个数为 160，在上述半监督降维过程中每次增选样本的个数为 160，降维后最终保留 100 维特征；同样 ROSIS：Pavia 数据也是从测试样本集中每类随机选择 10 个样本作为初始样本集，该数据集共 6 类，即初始样本为 60，每次增选样本的个数为 60，降维后保留 100 维特征。试验中，评判降维效果的依据是利用 SVM 分类器对降维结果进行分类（Kun and Pei-Jun, 2008）。分类时选择测试样本中 10%作为分类的训练样本，SVM 分类器中参数 C 和 γ 可通过格网搜索的方法选择最优组合。本章试验还引入监督降维方法 BSGDA 和非监督降维方法拉普拉斯特征映射（Laplacian eigenmap，LE）作为对比试验组，用来与本章所提降维方法作对比分析。

2.4.3.2　AVIRIS：Indian Pines 数据试验结果与分析

表 2-3 给出了 AVIRIS：Indian Pines 数据在每类初始样本数为 10、两种增选样本策略下降维后分类精度与半监督增选样本次数的关系。降维后的分类精度在前几次增选样本时提升较快，随着增选样本次数的升高，其降维后分类精度基本趋于稳定。利用 WDBSRC 方法增选样本进行 SS-SGDA 半监督降维，在第 14 次增选样本时达到了降维后分类精度的最大值为 90.01%，所对应的样本个数为 2400，即增选了 2240 个样本。采用 NRS 增选样本策略进行样本增选时，当增选样本次数为 15 时，达到了降维后分类精度的最大值为 90.64%，其对应的样本个数为 2560，即增选了 2400 的样本。

表 2-3　Indian Pines 数据半监督降维增选样本次数与降维后分类关系表

增选次数（k）	0	1	2	3
OA（SS-SGDA-WDBSRC）	43.12%	72.85%	79.07%	83.01%
OA（SS-SGDA-NRS）	41.38%	73.71%	78.62%	82.08%
样本个数	160	320	480	640
增选次数（k）	4	5	6	7
OA（SS-SGDA-WDBSRC）	85.13%	85.76%	85.67%	87.14%
OA（SS-SGDA-NRS）	83.57%	86.10%	87.03%	87.41%
样本个数	800	960	1120	1280
增选次数（k）	8	9	10	11
OA（SS-SGDA-WDBSRC）	87.47%	88.30%	87.49%	87.09%
OA（SS-SGDA-NRS）	87.32%	87.73%	86.83%	89.01%
样本个数	1440	1600	1760	1920
增选次数（k）	12	13	14	15
OA（SS-SGDA-WDBSRC）	89.19%	90.00%	**90.01%**	89.07%
OA（SS-SGDA-NRS）	88.86%	89.60%	90.13%	**90.64%**
样本个数	2080	2240	2400	2560

为了更好地展示半监督降维增选样本个数与降维后分类关系，图 2-8 给出了随着样本个数的增加降维后分类精度的变化趋势图。通过图 2-8 可以看出，SS-SGDA 半监督算法在整体上趋于稳定状态，在增选样本的过程中没有出现总体精度波动较大的情况。从该图中可以看出在样本增选的开始阶段其降维后分类精度提高的幅度较大，随着增选样本次数的增加，降维后分类精度提高的幅度逐渐减小，到后面基本趋于平稳。两种增选样本策略的走势基本一致，说明两种增选样本策略在样本增选上性能也大致相同。

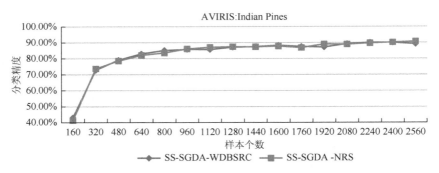

图 2-8　Indian Pines 数据半监督降维增选样本个数与降维后分类关系图

　　为了与其他降维方法进行对比，表 2-4 给出了多种降维方法对 Indian Pines 数据的降维结果进行分波段 SVM 分类精度统计，以观察降维后的有效数据的分布情况。对于 SS-SGDA 半监督算法的 WDBSRC 和 NRS 两种增选策略来说，分别选取表 2-3 中精度最高的一组降维后结果作为表 2-4 试验数据，即 SS-SGDA-WDBSRC（表 2-4 中简写为 SRC）选用样本总数为 2400 时的降维结果，SS-SGDA-NRS（表 2-4 中简写为 NRS）选择样本总数为 2560 时的降维结果。为了更好地检验 SS-SGDA 算法性能，将非监督降维算法 LE 和监督降维算法 BSGDA 作为对比试验组同时进行试验并做统计。利用 SVM 分类器直接对原始的 Indian Pines 数据进行分类的分类精度为 83.98%，该统计数据没有在表 2-4 中给出，但在图 2-9 中已画出对应曲线。从表 2-4 中可以看出，在初始样本很少的情况下进行降维时，监督降维方法 BSGDA 由于受到初始训练样本少的影响，可学习的知识少，而这种方法对初始样本数量敏感，在训练样本小的情况下其降维效果并不好，对前 100 个波段进行分类时得到最高分类精度为 42.69%，远远低于其他三种降维结果。非监督降维方法 LE 仅利用数据集信息不利用训练样本标签信息就可以进行降维，因此该方法不受训练样本个数的影响，相比 BSGDA 方法效果要好，其最高的分类精度是对前 100 维进行分类时得到的，精度为 72.70%。但由于该方法没有充分利用训练样本的标签信息，因此降维的效果低于半监督降维方法。对于 SS-SGDA 半监督降维方法，充分利用少量的带标签的训练样本和大量的非标记样本，因此其降维结果好于 BSGDA 和 LE。两种增选样本的策略都取得了较好的效果，其中采用 NRS 的增选样本策略利用前 90 维数据进行分类就可以取得最佳的分类精度，为 91.06%；而采用 WDBSRC 策略增选样本其降维结果利用前 100 维进行分类得到最高分类精度，为 90.01%，略低于 NRS 增选样本策略的降维结果。各方法降维后的 SVM 分类图见图 2-10。

表 2-4　Indian Pines 降维结果分波段进行 SVM 分类精度统计表

Dimensions	5	10	15	20	25
OA（LE）	56.16%	65.70%	66.15%	68.44%	69.28%
OA（BSGDA）	26.52%	28.67%	29.90%	30.89%	32.21%
OA（SRC）	52.00%	75.55%	82.15%	84.06%	86.52%
OA（NRS）	61.41%	79.38%	87.61%	89.06%	88.97%
Dimensions	30	35	40	45	50
OA（LE）	68.50%	68.97%	71.43%	69.94%	70.85%
OA（BSGDA）	33.45%	35.19%	35.72%	36.40%	36.41%
OA（SRC）	87.50%	87.87%	88.14%	87.88%	88.22%
OA（NRS）	89.68%	89.98%	89.73%	89.94%	89.96%
Dimensions	55	60	65	70	75
OA（LE）	70.84%	69.53%	71.34%	72.04%	71.05%
OA（BSGDA）	37.64%	38.04%	38.71%	40.06%	41.09%
OA（SRC）	89.35%	89.59%	89.13%	88.59%	89.09%
OA（NRS）	90.20%	90.73%	90.75%	90.16%	90.59%
Dimensions	80	85	90	95	100
OA（LE）	70.45%	70.42%	72.34%	70.70%	**72.70%**
OA（BSGDA）	40.99%	41.66%	41.55%	42.21%	**42.69%**
OA（SRC）	89.34%	89.31%	89.43%	89.30%	**90.01%**
OA（NRS）	90.94%	91.02%	**91.06%**	90.91%	90.64%

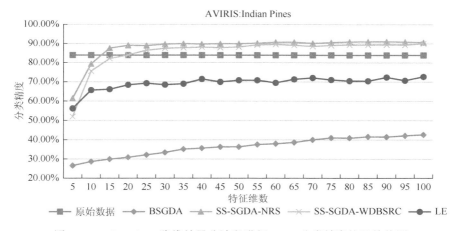

图 2-9　Indian Pines 降维结果分波段进行 SVM 分类精度统计趋势图

  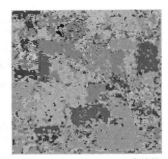

Indian Pines数据伪彩色影像　　　　Indian Pines数据测试样本集　　　BSGDA降维后利用SVM分类结果

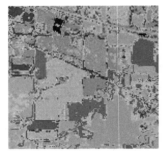  

LE降维后利用SVM分类结果　　　SS-SGDA-WDBSRC降维后　　　　SS-SGDA-NRS降维后
　　　　　　　　　　　　　　　　利用SVM分类结果　　　　　　　利用SVM分类结果

苜蓿	玉米未耕地	玉米略耕地	玉米地	牧地	林地	收割牧地	干草
燕麦地	大豆未耕地	大豆略耕地	大豆已耕地	小麦	树林	建筑树混合地	混凝土房

图 2-10　Indian Pines 降维结果分波段进行 SVM 分类图

2.4.3.3　ROSIS：Pavia 数据试验结果与分析

如表 2-5 所示，该表给出了 ROSIS：Pavia 数据在每类初始样本为 10 的情况下采用两种增选样本策略降维后分类精度与半监督增选样本次数的关系。降维后的分类精度在最初增选样本时提高的幅度较大，随着增选样本次数的增多，其降维后分类精度基本趋于稳定。采用 WDBSRC 策略增选样本进行 SS-SGDA 半监督降维时，在第 10 次增选样本时达到了降维后分类精度的最大值为 97.22%，所对应的样本个数为 660，即增选了 600 个样本。采用 NRS 增选样本策略进行样本增选时，当增选样本次数为 13 时，达到了降维后分类精度的最大值为 97.32%，其对应的样本个数为 840，即增选了 780 的样本。

表 2-5　Pavia 数据半监督降维增选样本次数与降维后分类关系表

增选次数（k）	0	1	2	3
OA（SS-SGDA-WDBSRC）	80.83%	92.22%	95.44%	95.97%
OA（SS-SGDA-NRS）	79.12%	92.47%	95.12%	95.34%
样本个数	60	120	180	240
增选次数（k）	4	5	6	7
OA（SS-SGDA-WDBSRC）	96.47%	96.60%	96.65%	96.44%
OA（SS-SGDA-NRS）	96.60%	96.68%	96.71%	96.40%
样本个数	300	360	420	480
增选次数（k）	8	9	10	11
OA（SS-SGDA-WDBSRC）	96.55%	96.62%	**97.22%**	97.07%
OA（SS-SGDA-NRS）	96.90%	96.63%	96.98%	97.27%
样本个数	540	600	660	720
增选次数（k）	12	13	14	15
OA（SS-SGDA-WDBSRC）	96.61%	96.71%	96.96%	97.15%
OA（SS-SGDA-NRS）	97.21%	**97.32%**	97.32%	97.24%
样本个数	780	840	900	960

　　图 2-11 可以更直观地展示半监督降维增选样本个数与降维后分类关系，该图给出了随着样本个数的增加两种半监督降维方法降维后分类精度的变化走势图。通过图 2-11 可以看出，SS-SGDA 半监督算法在整体上呈稳定状态，在增选样本的过程中没有明显的波动。从该图中可以看出在样本增选的开始阶段其降维后分类精度提高的幅度较大，随着增选样本次数的增加，降维后分类精度提高的幅度逐渐减小，到后面基本趋于平稳。两种增选样本策略的走势基本一致，也说明两种增选样本策略在样本增选上性能也大致相同。

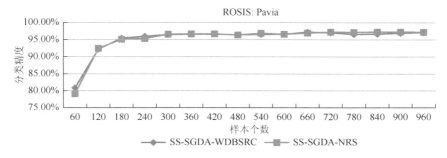

图 2-11　Pavia 数据半监督降维增选样本个数与降维后分类关系图

同样，为了与其他降维方法进行对比，表 2-6 给出了多种降维方法对 Pavia 降维结果进行分波段 SVM 分类结果，以观察降维后数据有效信息的分布情况。对于 SS-SGDA 半监督算法的 WDBSRC 和 NRS 两种增选策略来说，分别选取表 2-5 中精度最高的一组作为表 2-6 所示的试验数据，即 SS-SGDA-WDBSRC（表 2-6 中简写为 SRC）选用总样本数为 660 时的降维结果，SS-SGDA-NRS（表 2-6 中简写为 NRS）选择总样本数为 840 时的降维结果。为了更好地检验 SS-SGDA 算法性能，引入非监督降维算法 LE 和监督降维算法 BSGDA 作为对比试验组。利用 SVM 分类器直接对原始的 Pavia 数据进行分类的分类精度为 96.05%，该统计数据没有在表 2-6 中给出，但在图 2-12 中已绘出曲线图。从表 2-6 中可以看出，在初始样本较少的情况下进行降维，监督降维方法 BSGDA 由于受到初始训练样本少的影响，能学习的知识较少，而这种方法对初始样本数量敏感度高，在训练样本小的情况下其降维效果并不理想，对前 95 个波段进行分类时得到最高分类精度为 82.50%，远低于其他三种降维结果。非监督降维方法 LE 仅利用数据集信息不利用训练样本标签信息就可以进行降维，因此该方法不受训练样本个数的影响，相比 BSGDA 方法效果要好，其最高的分类精度是对前 60 维进行分类得到的，精度为 92.57%。但由于该方法没有充分利用训练样本的标签信息，因此降维的效果低于半监督降维方法。对于 SS-SGDA 半监督降维方法，充分利用少量的带标签的训练样本和大量的非标记样本，因此其降维结果好于 BSGDA 和 LE。两种增选样本的策略都取得了较好的效果，其中采用 NRS 的增选样本策略利用前 100 维数据进行分类就可以取得最佳的分类精度，为 97.32%；而采用 WDBSRC 策略增选样本其降维结果利用前 95 维进行分类得到最高分类精度，为 97.22%，略低于 NRS 增选样本策略的降维结果。

表 2-6　Pavia 降维结果分波段进行 SVM 分类精度统计表

Dimensions	5	10	15	20	25
OA（LE）	88.22%	90.57%	90.94%	91.09%	91.03%
OA（BSGDA）	56.83%	58.53%	63.37%	64.95%	67.47%
OA（SRC）	93.30%	93.77%	94.01%	94.54%	94.92%
OA（NRS）	89.42%	92.53%	93.44%	93.85%	94.53%
Dimensions	30	35	40	45	50
OA（LE）	91.33%	91.60%	91.16%	91.57%	91.65%
OA（BSGDA）	69.53%	71.07%	72.12%	74.16%	74.89%
OA（SRC）	95.31%	95.52%	95.61%	96.35%	96.39%
OA（NRS）	94.78%	95.15%	95.17%	95.29%	95.76%

续表

Dimensions	55	60	65	70	75
OA（LE）	92.25%	**92.57%**	92.05%	92.14%	92.52%
OA（BSGDA）	74.34%	75.02%	75.38%	76.04%	80.46%
OA（SRC）	96.34%	96.56%	96.75%	96.60%	96.58%
OA（NRS）	96.03%	96.03%	95.93%	96.57%	96.32%
Dimensions	80	85	90	95	100
OA（LE）	92.37%	92.35%	92.50%	92.34%	92.31%
OA（BSGDA）	80.71%	81.21%	82.49%	**82.50%**	82.30%
OA（SRC）	96.64%	97.00%	96.98%	**97.22%**	97.22%
OA（NRS）	96.67%	96.97%	97.13%	97.13%	**97.32%**

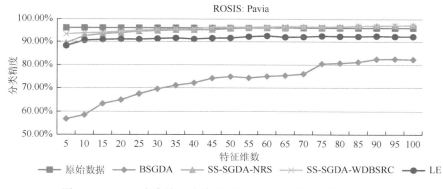

图 2-12　Pavia 降维结果分波段进行 SVM 分类精度统计趋势图

由图 2-12 可以看到 LE、SS-SGDA-WDBSRC 和 SS-SGDA-NRS 的降维结果使用较少维数参与分类时便取得了较好的分类效果，之后再随着参与分类的波段数的增加其分类精度增长缓慢趋于平稳，而 BSGDA 方法则呈增长状态，但由于其初始精度并不高，其最终精度相比其他三种降维方法差很多。由此可以看出 LE、SS-SGDA-WDBSRC 和 SS-SGDA-NRS 三种降维方法得到的降维结果其信息量主要集中在前面若干个波段，其中半监督方法 SS-SGDA-WDBSRC 和 SS-SGDA-NRS 得到的降维结果其最高的分类精度均略高于直接对原始影像进行分类的精度，取得了较好的降维效果。利用 LE 和 BSGDA 方法得到的降维结果均低于对原始影像进行分类的精度。各方法降维后的 SVM 分类图见图 2-13。

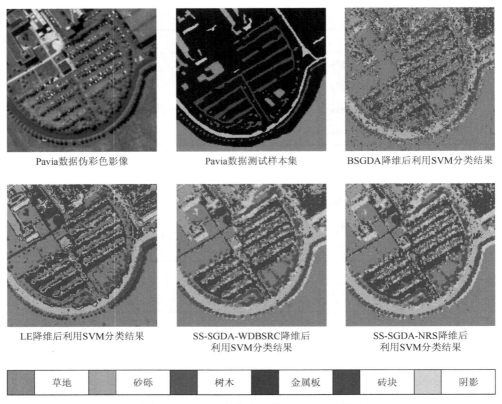

| Pavia数据伪彩色影像 | Pavia数据测试样本集 | BSGDA降维后利用SVM分类结果 |

| LE降维后利用SVM分类结果 | SS-SGDA-WDBSRC降维后
利用SVM分类结果 | SS-SGDA-NRS降维后
利用SVM分类结果 |

| 草地 | 砂砾 | 树木 | 金属板 | 砖块 | 阴影 |

图 2-13　Pavia 降维结果进行 SVM 分类图

2.4.4　本章小结

　　本章详细讨论了半监督降维算法 SS-SGDA 在高光谱遥感影像降维中的应用，该方法是在监督降维方法 BSGDA 的基础上提出来的，采用不同的半监督增选样本策略进行样本的增选。通过试验可以看出，在训练样本匮乏的小样本情况下，半监督降维方法 SS-SGDA 能够取得较好的降维效果，该方法能够充分利用少量的标记样本和大量的非标记样本进行学习。而监督降维方法 BSGDA 仅利用少量标记样本，所利用的信息太少，没有取得较好的降维效果。非监督方法则只利用大量的非标记样本进行学习，没有考虑少量标记样本所提供的更有效的信息，因此其降维效果较监督降维方法 BSGDA 有较大的提高，但大多情况下相对于半监督降维方法 SS-SGDA 还存在一定的差距。但随着 SS-SGDA 半监督降维方法增选样本数增加时，其单次降维循环所用的时间也不断的增加，当样本增选到一定数目的时候，其单次降维循环的运算效率是影响该方法的关键因素，因此应用性能较好的增选样本策略在较少的增选次数内增选更具代表性的样本是该半监督降维算法的关键。

第3章　多元逻辑回归高光谱遥感影像半监督分类

3.1　多元逻辑回归

逻辑回归方法是在20世纪70年代首先被提出并于80～90年代应用到遥感影像分类当中。随着遥感分类算法和概率论的发展，由于支持向量机（support vector machine）和多元逻辑回归（multinomial logistic regression）在处理高维数据的优越性能而被广泛地应用在高光谱遥感影像分类领域中，成为了最近几年的研究热点（Li et al.，2010a）。

对数回归模型经常被用于分类当中，本质上对数回归是线性回归，只是在特征映射到结果的过程中加入一层函数映射。20世纪80年代，Böhning和Lindsay首次将逻辑回归模型应用到解决统计学二分类问题当中（Böhning and Lindsay，1988）。为了实现多分类研究，从20世纪80～90年代开始至今，专家学者们针对多元逻辑回归分类器从理论拓展与方法创新上展开了一系列的研究（Böhning，1992）。概括起来针对多元逻辑回归分类器的研究改进主要集中在以下两个方面的内容：一方面是针对多元逻辑回归分类器本身存在的一些问题，引入一系列新思想、新方法来改进分类器；另一方面是针对多元逻辑回归分类器的模型特点结合不同的技术策略来获得更好的分类效果。下面分别着重介绍这两方面的内容。

多元逻辑回归分类器模型构建的主要思想是对要分的类别分别根据样本点的多重属性进行多元拟合，之后针对每一像元计算每一类所占全部类别和的比率，比率最大的作为该像元标签。分类器主要存在着以下几个问题：①求参算法运算量大。②精度提高速度缓慢。根据分类器模型构建的方式能够发现，在高光谱遥感影像分类过程中多波段的特点相应的增加了待估计参数的个数。由于每一类的样本点个数要远远小于待估计参数个数，传统的解析法无法被应用到参数求解的过程当中。迭代法的出现很好的解决了这个问题。因此，多元逻辑回归分类器本身改进的研究主要集中在迭代策略选择上。只要回归参数求解合理准确，模型就会拟合得更加合理。根据文献（Krishnapuram et al.，2005）所述，参数求解方法大致概括有以下两种：①最大对数似然函数。②最大后验法则。

（1）最大对数似然函数。利用似然函数去求解回归参数要涉及一阶和二阶求导。一阶求导相对比较容易获得，二阶求导过程多采用牛顿迭代算法（侯锡铭等，1994）。由于牛顿迭代法每次循环迭代的过程中都要计算一次二阶Hessian矩阵，增加计算量的同时在接近最优值的时候会出现收敛速度急速下降的问题，而且一旦计算得到的矩阵不正定就很容易导致不收敛。Böhning 提出依据全局最低边界准则代替二阶矩阵算法（Böhning，1992）。Minka（2003）总结了前人的研究成果，详细的介绍了在牛顿迭代法基础上的六种改进算法，并且自己提出一种 modified iterative scaling 新算法，得到了很好的结果。

（2）最大后验法则（MAP）。利用最大后验法则求解回归参数的本质就是计算最大后验概率的解。首先假设数据集满足某种先验分布，通过对训练样本进行特征建模，最后依据贝叶斯准则通过 EM 迭代算法完成后验概率的计算。在实际应用中，MAP 估计方法有一定的局限性，容易抹杀影像的细小结构，同时计算建立在多个模型估计之上，很难推广到一般情况（刘国英，2010）。目前，先验分布多采用高斯或者拉普拉斯先验分布（Krishnapuram et al.，2005）。

分类器的改进研究多集中在 20 世纪末～21 世纪初。进入 21 世纪后研究学者们拓宽思路，对于多元逻辑回归分类器的研究则是更多地集中在多思路、多技术、多方法的融合。通过阅读参考文献，主要有以下几个方面的研究：①基于核变换的多元逻辑回归分类（MKLR）（Karsmakers et al.，2007）；②基于稀疏表示的多元逻辑回归分类（SMLR）（Krishnapuram et al.，2005）；③基于光谱-空间信息的多元逻辑回归分类（Li et al.，2010a）。

（1）基于核变换的多元逻辑回归分类。由于高光谱遥感数据维数过高，存在线性不可分现象致使多元逻辑回归分类器不能很好的区分目标地物。核函数的选择通常为径向基函数 RBF（Borges et al.，2007）；Karsmakers 等（2007）从模型本身出发，提出真正的多元核逻辑回归模型，并用正则化迭代重加权最小平方算法进行参数优化，取得了很好的实验结果。但是，迭代过程要进行矩阵逆操作，因此训练效率较低，特别不适于大数据样本场合，且模型不具有稀疏性，有待于进一步的研究。

（2）基于稀疏表示的多元逻辑回归分类。稀疏性具有很好的特性，能够防止模型参数过优化，提升模型泛化能力的同时更具有实际的应用价值（Huang et al.，2015）。近几年随着稀疏分类方法被很好的应用到监督分类，Krishnapuram 提出一种稀疏多元逻辑回归方法。该方法首先根据边界最优化算法确定参数求解的迭代过程，之后通过最大对数似然函数或者最大后验法求参时绑定拉普拉斯先验概率作为一种惩罚因子提取出更需要的信息（Krishnapuram et al.，2005）。Fu 等提出将模型参数叠加 L1、L2 惩罚因子完成稀疏表示（Fu and Robles-Kelly，2008）。Ping Zhong 和 Runsheng Wang 首次提出一种基于稀疏多元逻辑回归的动态学习算法来进行特征提取与分类（Zhong and Wang，2008）。郑建炜等引入稀疏贝叶斯框架为参数添加两级先验分布的思想实现稀疏核逻辑回归（郑建炜等，2011）。这些方法的提出虽然完成了稀疏过程但同时也引入了其他参数，使得模型训练负担加重，需要交叉验证过程才能确定其最终取值，延缓了模型的优化过程。

（3）基于光谱-空间信息的多元逻辑回归分类。使用任何方法策略，"同谱异物"现象都是不可避免的。空间信息则很好的弥补了这个问题。Jun Li 等（2010a）在多元逻辑回归的基础上根据贝叶斯准则引入表征空间信息的马尔可夫随机场模型作为先验知识，最后求算出后验概率完成分类过程。之后将稀疏表示（Li et al.，2012b）、子空间投影（Li et al.，2013）、软分类（Li et al.，2013）等思路融入先前的研究工作当中，取得了一系列很有影响力的研究成果。

贝叶斯决策模型的建立大致可以分为两类：判别模型和生成模型（Li et al.，2010a）。生成模型是分别对所有可能的结果进行建模，之后输入一个新的样本特征与各种可能的模型进行匹配，匹配度最高的确定为最终的分类结果；判别模型就是直接建模，判断每个像元属于各种可能的概率。多元逻辑回归分类器的建模方式属于判别模型。根据广义线性模型理论：

$$P(y;\eta) = b(y)\exp(\eta^{\mathrm{T}}T(y) - a(h)) \tag{3-1}$$

多元逻辑回归的具体形式（Böhning，1992）：

$$p(y_i = k \mid x_i, \omega) = \frac{\exp(\omega^{(k)}h(x_i))}{\sum\limits_{k=1}^{K}\exp(\omega^{(k)}h(x_i))} \tag{3-2}$$

其中，$h(x) = [h_1(x), \cdots, h_l(x)]^{\mathrm{T}}$ 为输入的 l 个特征向量，$\omega = [\omega^{(1)\mathrm{T}}, \cdots, \omega^{(k)\mathrm{T}}]$ 为分类器模型的回归参数向量，$\omega^{(K)} = [1, \omega_K^1, \cdots, \omega_K^l]$ 表示每一类对应的 $l+1$ 个参数。应该注意的是特征向量 $h(x)$ 经常是线性或者非线性的，为了获得更好的分类结果都会引入核的思想来表征特征向量 $h(x)$，并已经在高光谱遥感影像分类中被广泛应用（Schölkopf and Smola，2002）。其中一个重要的原因是可以改善不可分情况，同时也可以通过训练样本来帮助分类器模型更好地进行拟合。核函数的选择多为径向基函数 RBF（Camps-Valls and Bruzzone，2005）。

$$K(x_i, x_j) = \mathrm{e}^{\frac{-\|x_i - x_j\|^2}{2\rho^2}} \tag{3-3}$$

在特征向量 $h(x)$ 确定之后，只要确定了模型回归参数 ω，$p(y_i \mid x_i; \omega)$ 随之确定，也就完成了模型求算，进而完成高光谱遥感影像的分类。这也说明了多元逻辑回归分类器的关键就是回归参数的求解。

$$\hat{y} = \arg\max(p(y_i \mid x_i; \omega)) \tag{3-4}$$

3.2 多元逻辑回归监督分类

3.2.1 回归参数求解策略

参数求解优化问题一直是计算机相关领域的一个研究热点，本节着重介绍三种多元逻辑回归分类器回归参数求解常用方法：①梯度下降算法；②牛顿迭代算法；③贝叶斯估计 EM 迭代算法。

3.2.1.1 梯度下降算法

梯度下降算法（gradient）通常也称为最速下降法。该算法是求解无约束优化问题最简单和最古老且效率很高的方法之一，许多有效算法都是以它为基础进行改进和修正而得到的。最速下降法是沿着负梯度方向搜寻极值，越接近目标值，步长越小，前进越慢，并且与初始点的选取无关。缺点是这种方法很容易陷入局部最优，步长太大或者太小都会对结果有很大的影响（茹晓军等，2008；姚俊峰等，2004）。目标函数是求得真值与预测值误差最小：

$$J(\omega) = \frac{1}{2} \sum_{i=1}^{m} (\hat{y}_i - y_i)^2$$

$$\text{s.t.: } \min_{\omega} J(\omega)$$

（3-5）

运用梯度算法求解参数首先需要给定初始参数 ω_0 和搜索步长 α，ω_0 可以是随机也可以为 0；之后对目标函数求导得到梯度算子：

$$\frac{\partial}{\partial \omega_j^{(i)}} J(\omega) = \frac{\partial}{\partial \omega_j} \left(\frac{1}{2} \sum_{i=1}^{m} (\hat{y}_i - y_i)^2 \right) = (\hat{y}^{(i)} - y^{(i)}) x_j^{(i)}$$

（3-6）

最终根据初始参数 ω_0、步长 α 和式（3-6）得到的梯度算子得到迭代公式：

$$\omega_{j+1}^{(i)} = \omega_j^{(i)} - \alpha \times \frac{\partial}{\partial \omega_j^{(i)}} J(\omega) = \omega_j^{(i)} - \alpha \times (\hat{y}^{(i)} - y^{(i)}) x_j^{(i)}$$

（3-7）

3.2.1.2 牛顿迭代算法

牛顿迭代算法是在最大对数似然函数准则的基础上进行求参，首先需要根据离散的样本点去构造似然函数 $L(\omega)$，之后求出在对数似然函数取最大值时所对应的回归参数（Minka，2003）

$$L(\omega) = \prod_{i=1}^{m} p(y_i \mid x_i; \omega)$$

（3-8）

将式（3-2）代入式（3-8）取对数，得到最终对数似然函数：

$$L(\omega)=\sum_{i=1}^{m}\log(p(y_i\mid x_i;\omega))=\sum_{i=1}^{m}\log\prod_{l}^{K}\left(\frac{\mathrm{e}^{\omega_l^{\mathrm{T}}x(i)}}{\sum_{j=1}^{K}\mathrm{e}^{\omega_j^{\mathrm{T}}x(i)}}\right)^{\{y^{(i)}=l\}} \quad (3\text{-}9)$$

似然函数完成寻优过程一般在取对数后 $\frac{\partial}{\partial\omega}L(\omega)=0$ 的情况下反解求算参数。这种解析法在求解非线性方程的过程中太过复杂不易获得真值，且存在样本点过少的问题。迭代算法的引入可以很好的解决这个问题，且牛顿迭代算法被广泛使用。迭代过程：

$$\omega_{j+1}^{(k)}=\omega_j^{(k)}-\boldsymbol{H}^{-1}\frac{\partial}{\partial\omega_j^{(k)}}L(w) \quad (3\text{-}10)$$

其中，$\boldsymbol{H}_{ij}^{(k)}=\frac{\partial^2}{\partial\omega_i^{(k)}\partial\omega_j^{(k)}}L(\omega)$ 为 Hessian 矩阵。

3.2.1.3　贝叶斯估计 EM 迭代算法

贝叶斯估计是估计和制定决策的一个非常重要的理论，通过最小化风险来获取最优估计。在先验知识和似然函数已知的情况下，贝叶斯估计算法依据最大后验概率准则使用 EM 迭代算法可以很好对参数进行估计（刘国英，2010）。

根据贝叶斯规则，后验概率：

$$P(y\mid x)=\frac{p(x\mid y)p(y)}{P(x)}$$

其中，y 表示预测值，x 表示真值。因此，回归参数 ω 的后验概率可以表示为

$$P(\omega\mid y,x)=P(y\mid x,\omega)\times P(\omega\mid x) \quad (3\text{-}11)$$

根据最大后验概率准则，将 $P(\omega\mid y,x)$ 取对数反解出最大值对应的回归参数：

$$\hat{\omega}=\arg\max_{\omega}(\log(P(\omega\mid y,x)))=\arg\max_{\omega}(L(\omega)+\log(P(\omega\mid x))) \quad (3\text{-}12)$$

其中，$L(\omega)$ 为似然函数，$P(\omega\mid x)$ 表示假定的回归参数先验分布。经常使用的先验假设分别有高斯先验分布：$P(\omega\mid x)=\exp\left(-\frac{1}{2}\omega^{\mathrm{T}}X\omega\right)$ 和拉普拉斯先验分布：$P(\omega\mid x)=\exp(-\lambda\parallel\omega\parallel_1)$，$\lambda$ 为规则参数。

为了计算出最大后验概率对回归参数 ω 的估计，期望最大（EM）迭代算法经常被采用。该迭代算法分为两部分：求算期望 E 和最大化期望 M。

期望 E：预测值 y 是一种隐藏的信息，首先通过初始参数 ω_0 和 x 作为已知量代入求出似然条件下的期望估计隐数据 y：

$$Q(\omega\mid\omega_t)=E[\log(P(\omega\mid x))\mid\omega_t] \quad (3\text{-}13)$$

最大化 M：之后根据求出的预测值 y 和真值 x 在最大化期望 Q 的过程中反解出回归参数 ω。

$$\omega_{j+1} \in \arg\max Q(\omega \mid \omega_t) \tag{3-14}$$

3.2.1.4 一种新的参数求解策略

虽然根据最大对数似然函数准则，牛顿迭代算法已经被广泛应用到回归参数求解当中，但是牛顿算法的一个主要缺点就是在每次循环迭代的过程中都要计算一次一阶矩阵和二阶 Hessian 矩阵，增加计算量的同时在接近最优值的时候会出现收敛速度急速下降的问题，而且一旦计算得到的矩阵不正定就很容易导致不收敛。

针对上述问题，本节引入 DFP 修正拟牛顿算法，可以取得与常用方法相比更好的结果。DFP 修正拟牛顿算法首先由 Davudon 在 1959 年提出，后经 Fletcher 和 Powell 进一步做了改进。算法的主要区别就是二阶矩阵 H^{-1} 的计算不同。拟牛顿法的基本思想就是用某个容易计算的近似矩阵 B^{-1} 来取代二阶 Hessian 矩阵。可以证明，虽然弦截法相比较于牛顿算法的阶数略低，收敛阶数约等于 1.618，但是它不计算倒数，且每步只计算一次函数的值，计算量少。因此它是一个收敛效率高且适合在计算机上求根的方法。最后通过不断修正来完成计算（吕同富等，2008）。

由于弦截法需要两个初始值才能启动。因此，采取的方法是：结合梯度下降算法在输入第一个初始值 ω_0 后首先通过梯度算法快速的获取第二个初始值 ω_1，再调用 DFP 修正拟牛顿算法。

该算法的主要求算流程图如图 3-1：初始化参量 ω_0、ω_1 后更新参数 ω 的值，通过 DFP 拟牛顿算法获得 Hessian 矩阵的近似矩阵 $\boldsymbol{B}_{ij}^{k}$ 来代替 $\boldsymbol{H}_{ij}^{(k)}$，循环迭代直到满足停止条件为止。

$$\omega_{j+1}^{(k)} = \omega_j^{(k)} - B_{ij}^{(k)} \times \frac{\partial}{\partial \omega_j^{(k)}} L(\omega) \tag{3-15}$$

其中，$B_{ij}^{k} = \dfrac{\omega_j^{(k)} - \omega_{j-1}^{(k)}}{\dfrac{\partial}{\partial \omega_j^{(k)}} L(\omega) - \dfrac{\partial}{\partial \omega_{j-1}^{(k)}} L(\omega)}$。

每次迭代都需要对 $\boldsymbol{B}$ 进行 DFP 修正。令：$s_j = \omega_j^{(k)} - \omega_{j-1}^{(k)}$

$$y_j = \frac{\partial}{\partial \omega_j^{(k)}} L(\omega) - \frac{\partial}{\partial \omega_{j-1}^{(k)}} L(\omega) \tag{3-16}$$

$$B_{j+1} = B_j - \frac{B_j y_j y_j^{\mathrm{T}} B_j}{y_j^{\mathrm{T}} B_j y_j} + \frac{s_j s_j^{\mathrm{T}}}{s_j^{\mathrm{T}} y_j} \tag{3-17}$$

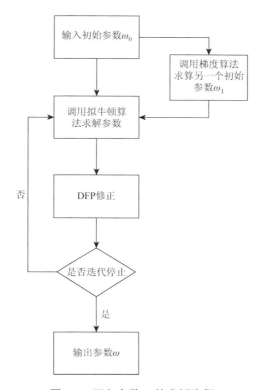

图 3-1　回归参数 ω 的求解流程

3.2.2　本章实验数据

本章实验使用 AVIRIS：Indian Pines 和 ROSIS：Pavia 两组高光谱遥感影像。一种好的算法应该适用于各种条件下的各种数据。上述提到的这两组数据相互弥补，可以很好的满足这个条件并且被广泛的应用在高光谱遥感影像分类算法研究当中。AVIRIS 数据经常遇到的分类问题主要体现在：①数据分辨率低、需要分辨的类别多；②每类标记样本的个数很不平衡；③仅仅依靠光谱信息进行分类很难获得较好的结果。ROSIS 数据集经常遇到的问题有：①数据分辨率高，但是地物分布极其不规律；②混合像元问题很严重；③裸地和草地类别很难区分。

AVIRIS：Indian Pines 影像于 1992 年 6 月在美国印第安纳的西北部摄取，波段范围为 0.4~2.5μm，数据大小为 145 行、145 列、总共 220 个波段，18 个受水汽吸收影响的波段被剔除。训练样本包含 1043 个样本点和 16 种地物覆盖类型。

ROSIS：Pavia 影像区域位于意大利帕维亚大学城，波段区间为 0.43~0.86μm，数据大小为 610 行、3400 列，在分类研究中通常使用 103 个波段。图 1-4 给出了

ROSIS 数据的假彩色合成图，测试样本集和训练样本集，训练样本包含 2134 个样本点（注：从测试样本中每类抽取 5%）和 9 种地物覆盖类型。

3.2.3 实验结果与分析

3.2.3.1 AVIRIS 数据实验

上文已经提到，决定多元逻辑回归分类器性能好坏的关键因素就是回归参数的求解。将提出的 DFP 修正拟牛顿算法（Newton_DFP）与常用的梯度算法（Gradient）、牛顿算法（Newton）和贝叶斯估计算法（EM）四种方法的效果进行比较。数据处理器：Intel Core 2 CPU 2.93GHz，4GB 内存。

图 3-2 给出了四种不同分类方法所对应的分类结果图；图 3-3 给出了 AVIRIS 数据回归参数寻优的精度变化趋势图，获取循环 100 次后得到的回归参数对应的分类精度；表 3-1 给出了最优参数对应的分类结果精度和 Kappa 系数统计表。由此可以看出以下比较结果：①四种方法精度都在 80% 以上，其中以 DFP 修正拟牛

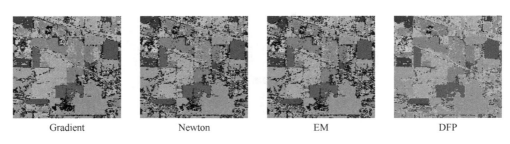

| Gradient | Newton | EM | DFP |

图 3-2　AVIRIS 数据四种策略的分类结果

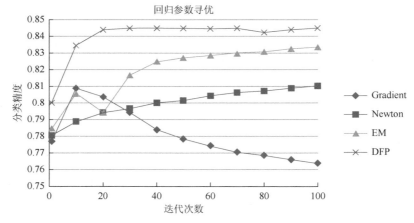

图 3-3　AVIRIS 数据参数优化过程分类精度变化

顿算法的分类精度最高，达到 84.53%；②梯度算法（Gradient）在找到最优值后精度开始下滑，固定步长的设定导致过度寻优，在接近最优参数的时候运算效率急速下降；③牛顿算法（Newton）和贝叶斯估计算法（EM）精度缓慢增加；④提出的新方法 DFP 拟牛顿算法循环达到 20 次后就可以快速的锁定最优参数，相对于比较的三种方法极大了减少了效率较低的循环。

表 3-1　AVIRIS 数据四种分类方法分类精度（OA）和 Kappa 系数

	Gradient	Newton	EM	DFP
OA(Kappa)	80.89(78.09)	81.02(78.50)	83.38(81.06)	84.53(82.23)

3.2.3.2　ROSIS：Pavia 实验

对 ROSIS 数据同样进行与 AVIRIS 数据一样的对比实验，由此来说明实验结果的普遍性。图 3-4 给出了四种不同分类方法所对应的分类结果图，获取每次循环得到的回归参数对应的分类精度；图 3-5 给出了 ROSIS 数据每类方法循环 30 次的回归参数寻优的精度变化趋势图；表 3-2 给出了最优参数对应的分类结果精度统计表。由此可以看出以下比较结果：①四种方法精度都在 90% 以上，但是仍然以 DFP 修正拟牛顿算法得到的分类效果最好；②梯度算法（Gradient）、牛顿算法（Newton）和贝叶斯估计算法（EM）精度缓慢增加，在接近最优参数的时候运算效率都是急速下降；③提出的新方法 DFP 拟牛顿算法在循环若干次后就可以快速的锁定最优参数，相对于比较的三种方法也是极大了避免了效率较低的循环，与AVIRIS 数据结果一致，说明该方法具有一定意义。

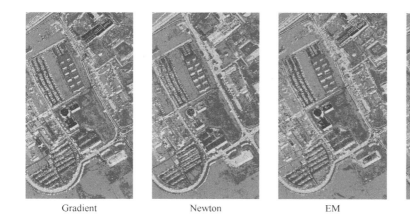

Gradient　　　　　　Newton　　　　　　EM　　　　　　DFP

图 3-4　ROSIS 数据四种策略的分类结果

表 3-2　ROSIS 数据四种分类方法分类精度（OA）和 Kappa 系数

	Gradient	Newton	EM	DFP
OA(Kappa)	92.37(89.84)	92.14(89.58)	92.93(90.60)	93.05(90.62)

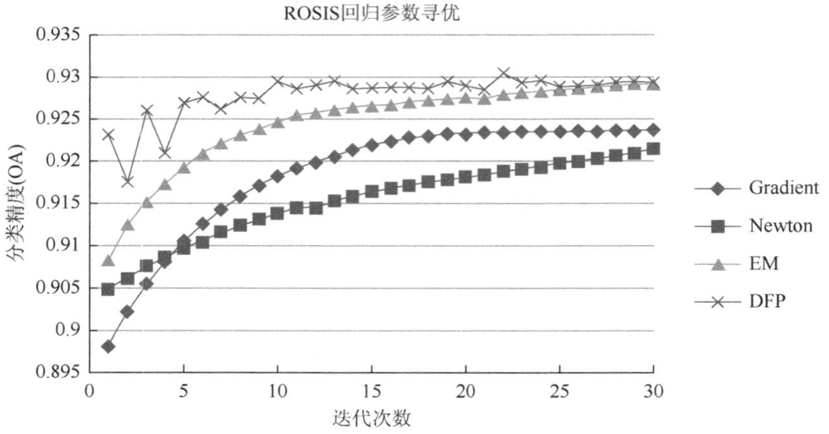

图 3-5　ROSIS 数据参数优化过程分类精度变化

3.3　基于多元逻辑回归分类器的半监督样本选择

3.3.1　非标记样本选择

由于多元逻辑回归分类器模型拟合得好坏取决于训练样本的个数和样本所携带的信息量的大小，因此，遥感影像半监督分类被提出，其目的之一就是解决小样本问题，即在初始训练样本较少的情况下充分利用非标记样本的信息来提高分类器的性能。半监督分类的主要过程是在获得初始分类结果后，通过循环迭代的方式来不断的选择非标记样本并将其增加到训练样本集里。在每次循环迭代的过程当中，以主动学习的方式运用一定的样本选择策略选择非标记样本并且以人工交互的方式来手动标注训练样本，或者以自学习的方式根据分类器本身的特性通过一定的样本选择策略让计算机自动标注非标记样本。不管以何种方式去完成遥感影像半监督分类学习的过程，概括起来主要有以下两个关键点：①信息量大的非标记样本的选择；②非标记样本的标注。本节主要针对第一个关键问题展开。

以何种标准来定义非标记样本所携带信息量的大小是非标记样本选择中最关注的问题。从分类器模型最需要什么样的训练样本的角度出发，非标记样本信息量的不确定性越高的训练样本往往是最被需要的。通过遥感影像实际观察会发现，这些信息量大的非标记样本点多数情况下都位于类别边界处。遥感影像中一个像元的信息不确定性既包括由于"同物异谱"、"同谱异物"等因素引起的随机不确定性，也包括由于"混合像元"问题引起的模糊不确定性。以往很多不确定性研究都是在某一假设条件设定下的某一种不确定性。在实际情况当中，引起地物不确定性是多方面因素的结果；从非标记样本在不同情况下表现出来的差异性出发，不同的样本判断准则都有着自己成熟的理论依据和优点，多种样本判断准则可以认为是对于某一非标记样本多个视角的观测；从数学模型的角度出发，对于任何一个预测值与真值相比都会存在一定的误差，通过找出泛化能力弱的非标记样本可以有效的提高分类器的能力。

3.3.2　常用样本增选策略

非标记样本的选择一直是半监督分类研究领域的重要研究内容之一，其选择得好坏直接关系着整个实验运算效率的高低，同时也影响着分类器性能提升的多少。本节主要介绍以下四种常用的样本增选策略：①信息量最大化（max information，MI）；②分裂法（breaking ties，BT）；③投票法（voting method，VM）；④误差最小（min error，ME）。

3.3.2.1　信息量最大化

针对多元逻辑回归分类器，回归参数是决定该分类器分类好坏的关键。对于这一关键点，信息量最大化方法主要就是在于选择出与回归参数相关性最大的非标记样本。使用 $S(\omega; y_i^{(k)} \mid x_i)$ 表示回归参数 ω 与各个可能类别之间的相关性或者共有信息量，$k \in \{1, 2, \cdots, K\}$，$K$ 为类别数。

$$\hat{x}_i^{\mathrm{MI}} = \arg\max(S(\omega; y_i^{(k)} \mid x_i)) \tag{3-18}$$

结合多元逻辑回归分类器，MacKay（1992）指出依据分类器得到的像元各个类别的概率矩阵，共有信息量可以表示为

$$S(\omega; y_i^{(k)} \mid x_i) = \frac{1}{2}\log\left(1 + \prod_{k=1}^{K} p_{i,k} x_i^{\mathrm{T}} M x_i\right) \tag{3-19}$$

其中，$M = \nabla^2(-\log p(\omega \mid x))$ 为后验概率矩阵。

3.3.2.2　分裂法

依据多元逻辑回归分类器进行分类得到的各个像元的概率矩阵 $p(y_i^k \mid x_i)$ 有着大量的信息可作为信息挖掘的初始资料。对于一个不确定性很高的非标记像元，在两类或者多类之间具有很高的相似性。分裂法及其改进的算法就是基于此完成的（Luo et al.，2004）。使用 $H(\omega; y_i^{(k)} \mid x_i)$ 来表示类别之间的相似性。

分裂法（BT）：该方法主要是比较最大概率与次最大概率之间的差异来表征两类之间的相似性。差异越小表示相似性越大，不确定性越强，所以不确定最强的应该是差异性最小的：

$$\hat{x}_i^{\mathrm{BT}} = \arg\min(H^{(\mathrm{BT})}(\omega; y_i^{(k)} \,|\, x_i))\qquad（3-20）$$

$$H^{(\mathrm{BT})}(\omega; y_i \,|\, x_i) = \max p(y_i \,|\, x_i) - \max(p(y_i \,|\, x_i) \,|\, p(y_i^{\max(k)} \,|\, x_i)\mathrm{be\ removed})$$

$$（3-21）$$

分裂法改进算法（MBT）：分裂法主要侧重于两类之间的差异性，而该改进算法就是在分裂法的基础上将所有类别之间的差异性都考虑进去来表征样本信息的不确定性，相比较于分裂法更能够获得全局层面上的信息。

$$\hat{x}_i^{\mathrm{MBT}} = \arg\max(H^{(\mathrm{MBT})}(\omega; y_i^{(k)} \,|\, x_i))\qquad（3-22）$$

3.3.2.3　投票法

投票法主要是依据多个分类器，或者单一分类器下的多种形式（例如支持向量机使用不同的核函数可以形成不同种类的分类器）所形成的不同准则，为每一个非标记样本提供不同的释译结果，以投票的形式选出差异性最大的非标记样本作为增选的样本（Tuia et al.，2009b）。使用 $O(\omega; y_i \,|\, x_i)$ 来表征多个分类器下的差异性。该方法不仅仅只局限于概率性分类器，效果的好坏很大程度上取决于多种分类器的选择与组合。由于其主要依靠多分类器训练结果，本书暂不讨论该算法。

$$\hat{x}_i^{\mathrm{VM}} = \arg\max(O(\omega; y_i \,|\, x_i))\qquad（3-23）$$

其中，$O(\omega; y_i \,|\, x_i) = \displaystyle\sum_{(i,j \in N)} (y_i - y_j),\ \begin{cases} y_i \neq y_j, 1 \\ y_i = y_j, 0 \end{cases}$，$N$ 为分类器的个数。

3.3.2.4　误差最小

误差最小方法（ME）是针对模型的误差项提出的一种方法。在真值与预测值之间有着一定偏差，然而这些信息量大的样本点往往都是误差项很大的点。因此，认为信息量大的非标记样本应该是那些目前分类器模型很难精确解算的样本点。将泛化能力弱的非标记样本增加到训练样本当中，相当于一个对模型进行不断修正的过程（Zhang and Oles，2000）。以 $Q(\omega; y_i \,|\, x_i)$ 作为真值与误差值之间的差异。

$$\hat{x}_i^{\mathrm{ME}} = \arg\max(Q(\omega; y_i \,|\, x_i))\qquad（3-24）$$

其中，$Q(\omega; y_i \,|\, x_i) = J(\omega) = \dfrac{1}{2}\displaystyle\sum_{i=1}^{m} (\hat{y}_i - y_i)^2$。

3.3.3　一种新的样本增选方法

对于小样本问题来说，经过初始少量的训练样本得到的多元逻辑回归分类模型的泛化能力很弱，想要快速地提高分类模型的泛化能力就需要选出目前分类器最缺少的非标记样本。这些样本点对于多元逻辑回归这种概率型分类器最直接的体现就在后验概率矩阵 P 的反常上。如图 3-6 所示，通过观察异常样本点后验概率矩阵 P 后可以得到以下几条规律：①一般认为某一像元后验概率值大于 0.1 的类别就可能是其正确类别。②（a）显示了某一非标记像元属于每一类概率值大于 0.1 的类别数为 1。这些样本点往往都是能够被多元逻辑回归分类器容易标记的像元。③（b）、（c）、（d）显示了属于每一类概率值大于 0.1 类别数大于 1 的非标记样本点，这些样本点被确定类别的概率值较小，可靠性差，也是多元逻辑回归分类器需要补充的。因此，各种提出方法的关键是：依据后验概率矩阵 P 制定什么样的规则从待选样本点中选出信息量较大的样本点。④几种情况之间有一种错误率的传递性，（b）类样本点被选择后极有可能降低了（c）、（d）情况的出现。分裂法 BT 就是依据这一特点，比较最大概率值与次一级最大概率值的差来度量分类器对这相应两类的不确定性。但是这样做的局限性是只考虑了（b）中两类的情况。

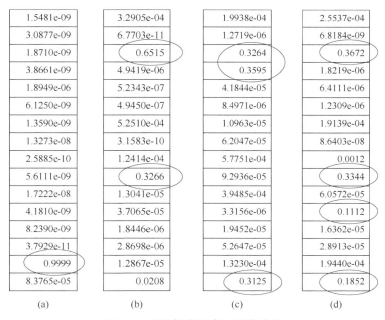

图 3-6　后验概率矩阵 P 观察结果

本节的主要内容是综合分析上述观察规律后，提出了一种新的选择信息量大的非标记样本的方法，将（b）、（c）、（d）的情况都考虑进去。方法主要步骤：①通过阈值 V 选出有效概率值（即 $p_i \geq 0.1, i \in [1, \cdots, K]$）；②统计这些选出的数据的方差来衡量有效数据对应类别的聚集程度，方差值（Ds）越小表明这些数据之间波动越小，类别聚集越紧，相关性越强；③选出方差最小值对应的非标记样本点。图 3-7 显示了样本选择的流程图。使用 $H^{\sigma}(\omega; y_i^{(k)} | x_i)$ 来表示类别之间的相似性

$$\hat{x}_i^{\sigma} = \arg\min(H^{(\sigma)}(\omega; y_i^{(k)} | x_i)) \qquad (3\text{-}25)$$

其中，$H^{(\sigma)}(\omega; y_i^{(k)} | x_i) = \sum_{j=1}^{s}(p(y_j | x_j) - E(p))^2$，$E(p) = \dfrac{1}{s}\sum_{j}^{s} p(y_j | x_j)$，$S$ 是有效概率值个数。

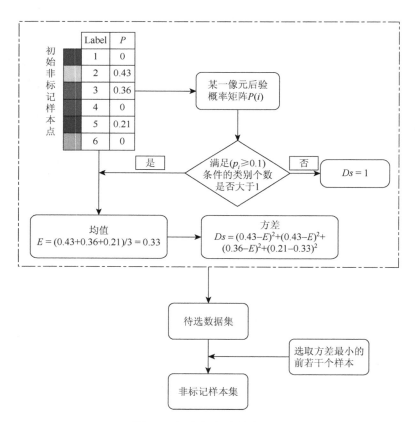

图 3-7　提出新方法的流程图

3.3.4　结果与分析

本节分别使用信息熵最大（MI）、误差最小（ME）、分裂法（BT）三种常用的样本增选方法与改进的新方法"选择性方差"（SV）进行对比来验证算法性能；使用 BT 和 SV 样本选择方法进行主动学习的时候分别使用贝叶斯估计 EM 迭代算法和前面提出的 DFP 修正拟牛顿算法获取回归参数；p_i 大于 0.1 认为是有效值（可能的正确类别）；训练样本从测试样本中随机选择，每类初始样本个数 L 取值分别为 5、10、15，最终结果取 5 次循环后的平均值。

3.3.4.1　AVIRIS 实验

为了比较四种不同样本选择方法的效果，表 3-3 给出分类精度 OA 统计情况，图 3-8 给出四种不同非标记样本选择方法六种策略精度变化趋势图，图 3-9 给出相对应的最终分类结果图。在每次迭代的过程中每类分别选择 50 个非标记样本。由此可以得到以下几个结论：①BT 方法和选择性方差 SV 方法的结果要优于 MI、ME 方法；②方差法 SV 相比 BT 方法略优，样本选择初期，二者区别较小，进行一定程度后选择性方差方法显示出优势；③在选出的非标记样本 100% 被正确标定的前提下，初始训练样本的个数对于最终的分类结果几乎没有影响，区别主要在于初始精度的不同。

表 3-3　AVIRIS 数据分类结果统计表 OA

		1	2	3	4	5	6	7	8	9	10
MI	L=5	0.4795	0.7612	0.8307	0.8651	0.884	0.8956	0.9035	0.9098	0.9146	0.9189
	L=10	0.54334	0.7428	0.8105	0.8491	0.8726	0.8891	0.90296	0.9118	0.9191	0.9245
	L=15	0.5298	0.7203	0.8035	0.8451	0.8703	0.8898	0.9015	0.9121	0.9189	0.9244
ME	L=5	0.4999	0.7487	0.8329	0.8695	0.8878	0.902	0.9109	0.9163	0.9209	0.9248
	L=10	0.5195	0.7241	0.8011	0.8478	0.8714	0.8898	0.9025	0.9121	0.9201	0.9251
	L=15	0.5337	0.7272	0.8094	0.8487	0.8738	0.8899	0.9016	0.9123	0.9192	0.9246
BT-EM	L=5	0.4525	0.737	0.8188	0.8552	0.8825	0.8991	0.9127	0.8937	0.9112	0.9311
	L=10	0.5256	0.7474	0.8181	0.8539	0.8796	0.8941	0.9055	0.9165	0.9232	0.9288
	L=15	0.5242	0.7439	0.8147	0.8508	0.8748	0.8914	0.9019	0.9132	0.9213	0.9261
BT-DFP	L=5	0.4872	0.7639	0.8197	0.8734	0.884	0.8874	0.9128	0.9222	0.9303	0.9367
	L=10	0.6084	0.7911	0.8416	0.8649	0.8828	0.8881	0.9123	0.9188	0.9215	0.9247
	L=15	0.6087	0.7892	0.8527	0.8847	0.9024	0.9097	0.9161	0.9265	0.9326	0.9301

续表

		1	2	3	4	5	6	7	8	9	10
	$L=5$	0.4633	0.7484	0.8185	0.8546	0.8802	0.8963	0.9106	0.9185	0.9265	0.9337
SV-EM	$L=10$	0.5414	0.7615	0.8316	0.8642	0.8881	0.9049	0.9164	0.9246	0.9331	0.9373
	$L=15$	0.5215	0.7575	0.8234	0.8542	0.8753	0.8916	0.9023	0.9122	0.9201	0.9261
	$L=5$	0.4994	0.8008	0.8422	0.8825	0.8899	0.9054	0.9181	0.9269	0.9289	0.9398
SV-DFP	$L=10$	0.6049	0.7914	0.8197	0.8845	0.8805	0.8951	0.9069	0.9309	0.9343	0.9385
	$L=15$	0.5602	0.7886	0.8567	0.8824	0.8983	0.9122	0.9216	0.9291	0.9342	0.9388

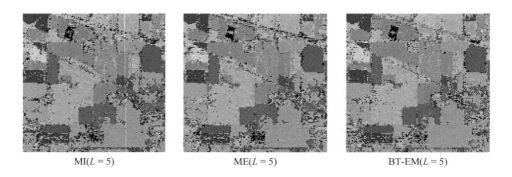

图 3-8　AVIRIS 数据六种策略精度变化趋势图

MI($L=5$)　　　　　ME($L=5$)　　　　　BT-EM($L=5$)

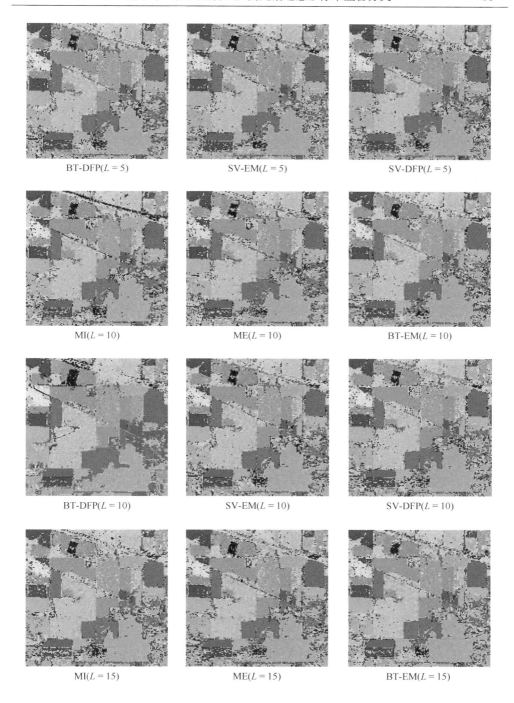

BT-DFP($L = 5$)   SV-EM($L = 5$)   SV-DFP($L = 5$)

MI($L = 10$)   ME($L = 10$)   BT-EM($L = 10$)

BT-DFP($L = 10$)   SV-EM($L = 10$)   SV-DFP($L = 10$)

MI($L = 15$)   ME($L = 15$)   BT-EM($L = 15$)

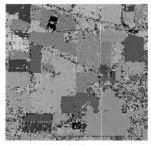 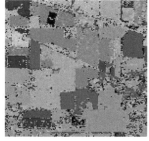 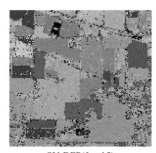

BT-DFP($L = 15$)　　　　　　SV-EM($L = 15$)　　　　　　SV-DFP($L = 15$)

图 3-9　AVIRIS 数据六种不同方法的最终分类结果图

表 3-4　AVIRIS 数据阈值 V 的设定对实验结果的影响

AVIRIS		1	2	3	4	5	6	7	8	9	10
	$V=0$	0.4601	0.7601	0.8541	0.8851	0.8949	0.9084	0.9124	0.9169	0.9176	0.9204
	$V=0.001$	0.4601	0.7785	0.8575	0.8848	0.9001	0.9121	0.9246	0.9309	0.9356	0.9384
$L=5$	$V=0.01$	0.4601	0.7961	0.8557	0.8775	0.8938	0.9084	0.9191	0.9282	0.9383	0.9431
	$V=0.1$	0.4601	0.8031	0.8552	0.8804	0.8993	0.9165	0.9271	0.9361	0.9397	0.9468
	$V=0.3$	0.4601	0.8054	0.8611	0.8842	0.9037	0.9157	0.9248	0.9333	0.9401	0.9451
	$V=0$	0.5821	0.7781	0.8387	0.8833	0.9004	0.9073	0.9144	0.9162	0.9183	0.9183
	$V=0.001$	0.5821	0.7927	0.8534	0.8897	0.9131	0.9251	0.9311	0.9371	0.9411	0.9447
$L=10$	$V=0.01$	0.5821	0.7862	0.8458	0.8751	0.8916	0.9091	0.9198	0.9311	0.9371	0.9431
	$V=0.1$	0.5821	0.7996	0.8586	0.8889	0.9038	0.9152	0.9259	0.9354	0.9412	0.9474
	$V=0.3$	0.5821	0.7996	0.8576	0.8798	0.8959	0.9109	0.9202	0.9295	0.9371	0.9438
	$V=0$	0.6139	0.8035	0.8523	0.8824	0.9028	0.9141	0.9181	0.9204	0.9234	0.9248
	$V=0.001$	0.613	0.8195	0.8688	0.8939	0.9101	0.9199	0.9311	0.9354	0.9402	0.9465
$L=15$	$V=0.01$	0.613	0.8214	0.8611	0.8851	0.8964	0.9081	0.9229	0.9313	0.9389	0.9447
	$V=0.1$	0.6139	0.8281	0.8679	0.8875	0.9072	0.9176	0.9295	0.9381	0.9445	0.9508
	$V=0.3$	0.6139	0.8307	0.8703	0.8875	0.9053	0.9176	0.9273	0.9367	0.9432	0.9491

　　新算法的关键是有效类别的确定，以 V 来表示有效阈值的大小。为了研究有效值阈值 V 对于实验的影响，如表 3-4 所示，在每类初始训练样本个数分别为 5、10、15 的条件下，获取有效阈值分别设定为 0、0.001、0.01、0.1、0.3 的精度。训练样本是随机从测试样本抽取形成的。

　　由此，可以得到以下几个结论：①$V = 0$（表示不设定阈值）与 $V \neq 0$（设定阈值）的结果相比要相对差一些，这表明阈值的设定是有效的；②初始训练样本的个数分别为 5、10、15 可以得到一致的结果；③在选出的非标记样本 100% 被正确标定的前提下，不同初始训练样本个数对于最终的分类结果几乎没有影响，区别主要在于初始精度的不同；④对于 AVIRIS 数据来说，阈值在大于等于 0.01 后效果基本趋于相似，$V=0.1$ 可视为最佳阈值。

3.3.4.2　ROSIS 实验

对于 ROSIS 数据同样比较四种策略的效果，表 3-5 给出分类精度 OA 和 Kappa 系数统计情况，图 3-10 给出四种不同非标记样本选择策略精度变化趋势图，图 3-11 给出最终的分类结果图。在每次迭代的过程中每类分别选择 50 个非标记样本。由此可以得到以下几个结论：①与 AVIRIS 数据第一个结论一样，BT 方法和选择性方差方法的结果要优于 MI、ME 方法；②方差法可以获得与 BT 方法基本一致的效果，样本选择初期，二者区别较小，进行一定程度后选择性方差方法显示出优势；③在选出的非标记样本 100%被正确标定的前提下，初始训练样本的个数对于最终的分类结果几乎没有影响。

表 3-5　ROSIS 数据分类结果统计表 OA

		1	2	3	4	5	6	7	8	9	10
MI	L=5	0.7181	0.7485	0.7922	0.8177	0.8243	0.83441	0.8437	0.8467	0.8499	0.8508
	L=10	0.7354	0.7785	0.8268	0.8434	0.8547	0.8571	0.8636	0.8678	0.8711	0.8732
	L=15	0.7763	0.8085	0.8355	0.8507	0.8575	0.8602	0.8651	0.8683	0.8701	0.8738
ME	L=5	0.7354	0.7785	0.8268	0.8434	0.8547	0.8571	0.8636	0.8678	0.8711	0.8732
	L=10	0.7354	0.7785	0.8268	0.8434	0.8547	0.8571	0.8636	0.8678	0.8711	0.8732
	L=15	0.7655	0.8153	0.8316	0.8443	0.8486	0.8533	0.8553	0.8614	0.8635	0.8682
BT-EM	L=5	0.7413	0.8267	0.8616	0.8747	0.8876	0.8943	0.8987	0.9027	0.9058	0.9091
	L=10	0.7413	0.8267	0.8616	0.8747	0.8874	0.8943	0.8987	0.9027	0.9058	0.9091
	L=15	0.7371	0.8281	0.8667	0.8867	0.8946	0.8986	0.9032	0.9064	0.9103	0.9127
BT-DFP	L=5	0.7609	0.8230	0.8456	0.8734	0.8891	0.8953	0.8968	0.9051	0.8793	0.9102
	L=10	0.7609	0.8237	0.8456	0.8734	0.8891	0.8953	0.8968	0.9008	0.8793	0.9102
	L=15	0.7687	0.8401	0.8683	0.8846	0.8996	0.9054	0.9108	0.9121	0.9185	0.9203
SV-EM	L=5	0.7347	0.8032	0.8475	0.8652	0.8788	0.8882	0.8955	0.9061	0.9134	0.9181
	L=10	0.7347	0.8032	0.8475	0.8652	0.8788	0.8882	0.8955	0.9065	0.9134	0.9184
	L=15	0.7663	0.8238	0.8572	0.8791	0.8947	0.9006	0.9057	0.9119	0.9169	0.9194
SV-DFP	L=5	0.7527	0.8063	0.8579	0.8819	0.9021	0.9044	0.9092	0.9161	0.9207	0.9203
	L=10	0.7527	0.8063	0.8579	0.8819	0.9021	0.9044	0.9092	0.9161	0.9207	0.9218
	L=15	0.7501	0.8221	0.8448	0.8748	0.8847	0.9071	0.9168	0.9186	0.9172	0.9222

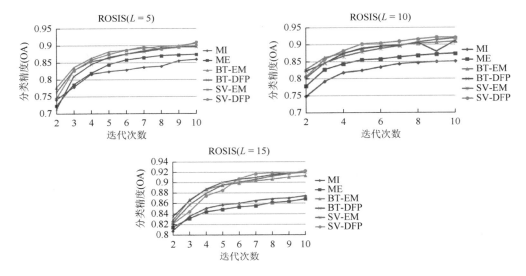

图 3-10　ROSIS 数据六种策略精度变化趋势图

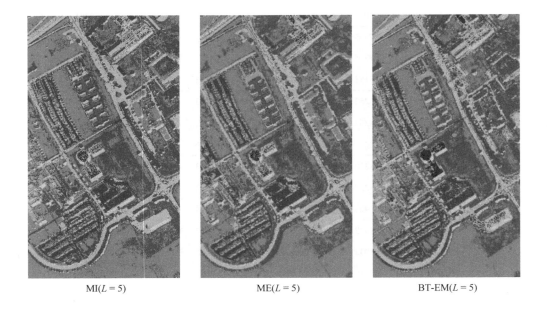

MI(*L* = 5)　　　　　　　　ME(*L* = 5)　　　　　　　　BT-EM(*L* = 5)

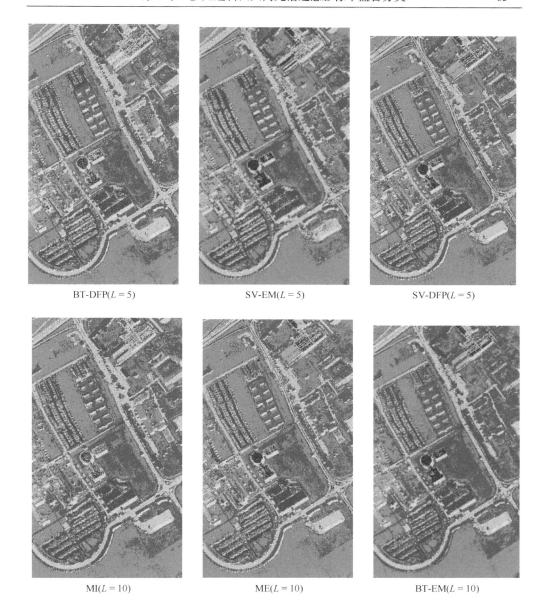

BT-DFP($L = 5$)　　　　　　SV-EM($L = 5$)　　　　　　SV-DFP($L = 5$)

MI($L = 10$)　　　　　　ME($L = 10$)　　　　　　BT-EM($L = 10$)

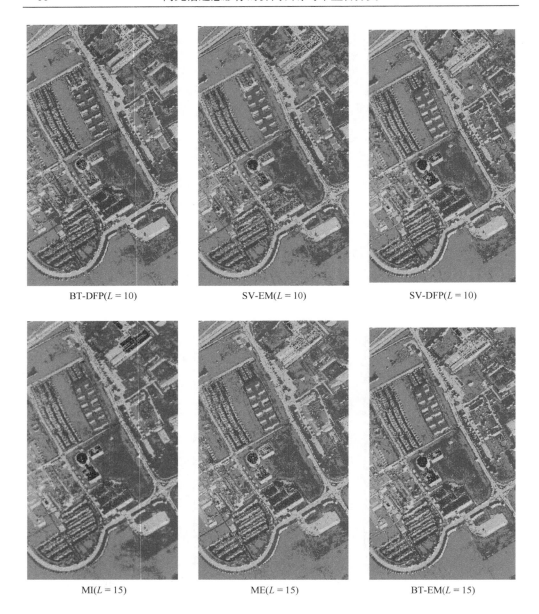

BT-DFP($L = 10$)　　　　SV-EM($L = 10$)　　　　SV-DFP($L = 10$)

MI($L = 15$)　　　　ME($L = 15$)　　　　BT-EM($L = 15$)

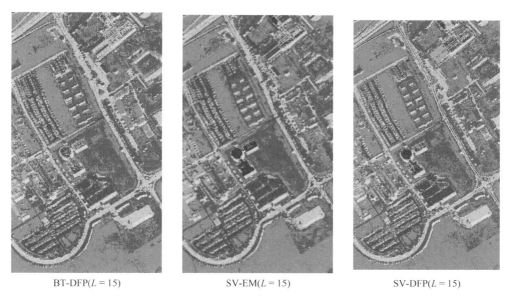

BT-DFP($L = 15$)　　　　SV-EM($L = 15$)　　　　SV-DFP($L = 15$)

图 3-11　ROSIS 数据六种不同方法的最终分类结果图

同样对于 ROSIS 数据来说，为了研究有效值阈值 V 对于实验的影响，如表 3-6 所示是与 AVIRIS 数据条件相同下的最终分类精度统计表。训练样本是随机从测试样本抽取形成的。

表 3-6　ROSIS 数据阈值 V 的设定对实验结果的影响

ROSIS		1	2	3	4	5	6	7	8	9	10
	V=0	0.6303	0.6676	0.7128	0.7432	0.7912	0.8096	0.8463	0.8622	0.8639	0.8622
	V=0.001	0.6303	0.6361	0.6508	0.6895	0.6888	0.7282	0.8158	0.8315	0.8304	0.8351
L=5	V=0.01	0.6303	0.7662	0.8307	0.8374	0.8599	0.8729	0.8694	0.8908	0.8971	0.8957
	V=0.1	0.6303	0.7517	0.8258	0.8333	0.8504	0.8771	0.8891	0.9031	0.9113	0.9121
	V=0.3	0.6303	0.7518	0.8312	0.8736	0.8842	0.8946	0.8972	0.9067	0.9161	0.9191
	V=0	0.5884	0.6362	0.6608	0.6958	0.7379	0.7501	0.7687	0.7478	0.7531	0.7563
	V=0.001	0.5884	0.6606	0.7489	0.8321	0.8478	0.8401	0.8461	0.8631	0.858	0.8602
L=10	V=0.01	0.5884	0.8128	0.8497	0.8657	0.8757	0.8679	0.8597	0.8789	0.8888	0.8976
	V=0.1	0.5884	0.8131	0.8453	0.8847	0.8974	0.9041	0.9092	0.9167	0.9178	0.9218
	V=0.3	0.5884	0.8094	0.8603	0.8686	0.8709	0.8871	0.9094	0.9154	0.9169	0.9163
	V=0	0.7608	0.7417	0.7706	0.7943	0.7942	0.7944	0.7961	0.7951	0.8007	0.8017
	V=0.001	0.7608	0.8048	0.7804	0.7799	0.7966	0.8201	0.8351	0.8373	0.8371	0.8334
L=15	V=0.01	0.7608	0.8124	0.8678	0.8709	0.8863	0.8904	0.8916	0.8981	0.8975	0.9023
	V=0.1	0.7608	0.8281	0.8664	0.8821	0.8911	0.9036	0.9098	0.9159	0.9184	0.9229
	V=0.3	0.7608	0.8406	0.8707	0.8844	0.8962	0.9046	0.9121	0.9125	0.9187	0.9196

　　由此，可以得到以下几个结论：①与 AVIRIS 数据结论①一致，阈值的设定是有效的；②初始训练样本的个数分别为 5、10、15 可以得到一致的结果；③在选出的非标记样本 100%被正确标定的前提下，不同初始训练样本个数对于最终的分类结果几乎没有影响，区别主要在于初始精度的不同；④对于 ROSIS 数据来说，阈值对于最终的实验结果影响较为明显，随着阈值的增大，效果先好后坏。相对来说 $V = 0.1$ 可视为最佳阈值。

3.3.5　本章小结

　　本章主要内容是根据概率型分类器（以多元逻辑回归分类器为例）得到的后验概率矩阵 P 提出一种新的基于有效阈值的最小方差策略，从待选非标记样本集中选取信息量较大的非标记样本。根据有效阈值圈定出分类器目前容易混淆的几种类别，通过方差值来度量聚集程度也就是不确定性。

第4章 基于差异性度量的分类器选择

依据协同训练的理论，多分类器的选择应满足分类器之间差异性大的特点，最好在性能上互补，因此本章的研究重点是对分类器之间的差异性进行研究与分析。首先，利用常用的一对一及非一对一差异性度量策略并结合协同训练算法（TT）对高光谱遥感数据进行实验；然后，在分析已有差异性度量策略的不足的基础上，根据高光谱影像的特点提出一种新的差异性度量策略；最后，采用两景高光谱标准分类数据对差异性度量策略进行验证。为了进一步验证新的差异性度量策略的有效性，将其选择的分类器组合应用到基于空间邻域信息的协同训练算法中，并与其他差异性度量方法进行对比。分析验证作为改进差异性度量选择的分类器组合的性能，为后续章节的协同训练算法提供分类器组合理论依据。

4.1 差异性度量基础

通常情况下，多个性能相同的分类器（即输入特征属性及输出类别信息完全一致）组成的协同训练算法是不可能提高分类性能的。而且目前国内外的研究证明，没有一个完美的分类器可以对所有数据都能取得一个比较理想的分类效果。因此，如何利用多个分类器提高分类性能，如何选择性能互补的分类器进行协同学习，是目前一个研究的热点问题。差异性度量策略正是在这种背景下被提出来的，其核心思想是利用一种策略衡量分类器之间的差异性，并选择出差异性最大的分类器组合。

差异性度量策略主要分为一对一及非一对一差异性度量策略。

4.1.1 一对一差异性度量策略

表 4-1 列出计算一对一差异性度量的相应数据，其中 D_i 和 D_j 代表分类器，1 代表分类正确，0 代表分类错误，N_{ij}^{11} 代表两个分类器同时分类正确的样本个数，N_{ij}^{00} 代表两个分类器同时分类错误的样本个数，N_{ij}^{10} 代表 D_i 分类器分类正确而 D_j 分类器分类错误的样本个数，而 N_{ij}^{01} 则代表 D_i 分类器分类错误而 D_j 分类器分类正确的样本个数。

表 4-1　成对分类器相关表

	D_i 正确（1）	D_j 错误（0）
D_i 正确（1）	N_{ij}^{11}	N_{ij}^{10}
D_j 错误（0）	N_{ij}^{01}	N_{ij}^{00}

1）相关系数（correlation coefficient）

两个分类器 D_i 和 D_j 之间的相关系数差异性度量策略定义如下：

$$\rho_{ij} = \frac{N_{ij}^{11} N_{ij}^{00} \quad N_{ij}^{01} N_{ij}^{10}}{\sqrt{(N_{ij}^{11} + N_{ij}^{10}) \times (N_{ij}^{01} + N_{ij}^{00}) \times (N_{ij}^{11} + N_{ij}^{01}) \times (N_{ij}^{10} + N_{ij}^{00})}} \qquad (4\text{-}1)$$

分类器组合间的差异性与 ρ_{ij} 的绝对值呈负相关。就 K 个分类器而言，相关系数的定义如公式（4-2）所示：

$$\overline{\rho} = \frac{2}{K(K-1)} \sum_{i=1}^{K-1} \sum_{j=i+1}^{K} \rho_{ij} \qquad (4\text{-}2)$$

2）不一致度量（disagreement metric）

两个分类器 D_i 和 D_j 之间的不一致度量策略定义如下：

$$DM_{ij} = \frac{N_{ij}^{01} + N_{ij}^{10}}{N_{ij}^{11} N_{ij}^{00} + N_{ij}^{01} N_{ij}^{10}} \qquad (4\text{-}3)$$

DM_{ij} 的取值范围为[0, 1]，当两个分类器对所有样本分类结果都相同时，DM_{ij} 等于 0，说明两个分类器性能完全相同；当两个分类器对所有样本标记结果都不一致时，DM_{ij} 等于 1，说明两个分类器性能差异最大。因此，分类器组合间的差异性与 DM_{ij} 呈正相关。就 K 个分类器而言，不一致度量的定义如公式（4-4）所示：

$$\overline{DM} = \frac{2}{K(K-1)} \sum_{i=1}^{K-1} \sum_{j=i+1}^{K} DM_{ij} \qquad (4\text{-}4)$$

3）Double-fault measure

针对两个分类器之间的 Double-fault 度量策略如公式（4-5）所示：

$$DF_{ij} = \frac{N_{ij}^{00}}{N_{ij}^{11} + N_{ij}^{00} + N_{ij}^{01} + N_{ij}^{10}} \qquad (4\text{-}5)$$

DF_{ij} 的取值范围为[0, 1]，分类器组合间的差异性与 DF_{ij} 呈负相关。就 K 个分类器而言，不一致度量的定义如公式（4-6）所示：

$$\overline{DF} = \frac{2}{K(K-1)} \sum_{i=1}^{K-1} \sum_{j=i+1}^{K} DF_{ij} \qquad (4\text{-}6)$$

4）Q 统计

针对两个分类器之间的 Q 统计度量策略如公式（4-7）所示：

$$Q_{ij} = \frac{N^{11}N^{00} - N^{01}N^{10}}{N^{11}N^{00} + N^{01}N^{10}} \tag{4-7}$$

分类器组合间的差异性与 Q_{ij} 的绝对值呈负相关。就 K 个分类器而言，Q 统计的定义如公式（4-8）所示：

$$\bar{Q} = \frac{2}{K(K-1)} \sum_{i=1}^{K-1} \sum_{j=i+1}^{K} Q_{ij} \tag{4-8}$$

4.1.2　非一对一差异性度量策略

非一对一差异性度量策略不同于一对一差异性度量策略，侧重于整个分类器组合进行统一度量，以获取整个分类器组合的差异性。

设 $Z = [z_1, \cdots, z_n]$ 为一组类别已知的样本数据，针对一个分类器 D_i 的输出结果可用 $Y = [y_{1,i}, \cdots, y_{n,i}]$ 一组向量表示，若 D_i 对样本 z_j 分类正确，则 $y_{j,i} = 1$，反之 $y_{j,i} = 0$。非一对一差异性度量策略大多都是依据该组向量计算的。

常用的非一对一差异性度量策略包括 Coincident failure diversity、Measure of difficulty 及 Interrater agreement。

1）Coincident failure diversity

首先，我们定义一个表示对任一输入样本错误判断的子分类器占分类器组合的比例的随机离散变量 X，其取值范围为 $\left\{\dfrac{0}{K}, \dfrac{1}{K}, \cdots, 1\right\}$，$P_i = p\left(\dfrac{i}{K}\right)$ 表示 $X = \dfrac{i}{K}$ 出现的概率，则 CFD 的定义如公式（4-9）：

$$\mathrm{CFD} = \begin{cases} 0, & P_0 = 0, 1 \\ \dfrac{1}{1-P_0} \displaystyle\sum_{i=1}^{K} \dfrac{K-i}{K-1} P_i, & P_0 < 1 \end{cases} \tag{4-9}$$

当整个分类器组合对训练样本都标记正确或错误时，CFD 有最小值为 0；分类器组合间的差异性与 CFD 值呈正相关。

2）Measure of difficulty

该差异性度量策略是由 Hansen 和 Salamon 提出的。令 $H = 1 - X$，X 定义见 Coincident failure diversity，则 Measure of difficulty 定义如下：

$$\theta = \mathrm{Var}(H) \tag{4-10}$$

分类器组合的差异性与 θ 值呈负相关。

3）Interrater agreement

令 $p = \dfrac{1}{nK} \sum\limits_{j=1}^{n} \sum\limits_{i=1}^{K} y_{j,i}$ 表示分类器组合中子分类器的平均准确度，$l(z_j)$ 表示分类

器组合中对样本 z_j 正确判断的子分类器个数，则 Interrater agreement 定义如下：

$$I = 1 - \frac{\dfrac{1}{K} \sum\limits_{j=1}^{n} l(z_j) \times (K - l(z_j))}{n \times (K-1) \times p \times (1-p)} \qquad (4\text{-}11)$$

分类器组合之间的差异性随着 I 的增大而减小。

4.1.3　改进的差异性度量策略

由于上述常用的分类器差异性度量策略只从整体的分类结果考虑，忽略了分类器在每类地物中的分类差异性，因此在本章中提出在不一致度量策略的基础上加入每类地物类别的分类精度条件来约束的基于权重的不一致精度差异性度量策略，该策略能最大限度地挖掘分类器之间的差异性，属于一对一差异性度量。计算方法如下所示：

$$WDA_{ij} = \sum_{c=1}^{C} [P_c(D_i) - P_c(D_j)] \times V_c \qquad (4\text{-}12)$$

$$V_c = \left[P_c(D_i) - \frac{P_c(D_i) + P_c(D_j)}{2} \right]^2 + \left[P_c(D_j) - \frac{P_c(D_i) + P_c(D_j)}{2} \right]^2 \qquad (4\text{-}13)$$

$$\text{st}: \sum_{c=1}^{C} P_c(D_i) \geqslant \sum_{c=1}^{C} P_c(D_j) \qquad (4\text{-}14)$$

其中，C 为所有类别个数，$P_c(D_i)$ 和 $P_c(D_j)$ 为分类器 D_i 和 D_j 对第 c 类的分类精度，V_c 为方差。分类器组合之间的差异性与 WDA_{ij} 呈负相关。针对多个分类器时，该策略的计算方法如公式（4-15）：

$$\overline{WDA} = \frac{2}{K(K-1)} \sum_{i=1}^{C-1} \sum_{j=i+1}^{C} WDA_{ij} \qquad (4\text{-}15)$$

4.2　协同训练理论基础

Tri-training 以三个分类器为基分类器开展半监督学习。该算法首先从有标签的样本集中利用可重复取样的方法随机抽选三组训练集，然后利用三组训练集分别训练对应的分类器，以获得初始分类结果。在协同训练过程中，就单个分类器而言，其增选的未标记样本并不是由其自身决定的，而是由剩余的分类器协同完成的，选择的具体过程是剩余的分类器针对同一未标记样本标定相同，则将其扩

充到训练样本集中。协同训练的终止条件是所有参与训练的分类器所预测的样本标签都不再发生变化。最后利用投票法对三个分类器的样本标定结果进行处理，进而获得最后的预测结果。

4.3　改进协同训练算法

分类器之间的互补性和差异性直接影响 Tri-training 协同训练算法的分类性能，而 Tri-training 协同训练算法并未从该角度出发来考虑问题，而是以尽可能多的训练样本为代价来获取最初训练得到的分类器之间具有一定的差异性；并且在小样本条件下，每个分类器的泛化能力都比较弱，分类结果相同的样本的标签不一定标定正确，因此在增选样本的标签确定过程中存在错误标定的情况。因此我们将自训练和地学第一定律的思想加入协同训练算法中，提出一种基于空间邻域信息的高光谱影像半监督协同训练分类算法 Tri-training-SNI。该算法在样本选择过程中，在两个分类器分类结果相同的基础上，加入初始训练样本的 8 邻域信息进行未标记样本的二次筛选和标签的确定，不仅减少了未标记样本的增选数量，也增加了样本标定的可信度。

4.3.1　增选样本选择策略

记 $L=[(y_m,x_m),x_m\in R^d,m=1,2,\cdots,n]$ 为初始训练集，$U=[x_1',x_2',\cdots,x_u']$ 为未标记样本，$h_i(i=1,2,3)$ 为分类器，$S_i(i=1,2,3)$ 为分类结果。未标记样本选择策略如图 4-1 所示，具体步骤如下：

（1）对任意 $x_i\in L$，如果分类器 h_i 的预测结果 S_i 与 x_i 的标签一致，则利用最小光谱角从预测结果与 x_i 标签相同的未标记样本中选择若干个进行标定；反之，则利用地学第一定律从 x_i 的 8 邻域内选择与其标签相同的若干个未标记样本，并将其标记为 x_i 的标签，进而更新分类器 h_i 的训练集；

（2）利用更新后的训练集重新训练分类器 h_i，并对整个样本集进行预测；

（3）依次重复上面的步骤，直到分类器 h_i 的分类结果 S_i 不再发生改变。

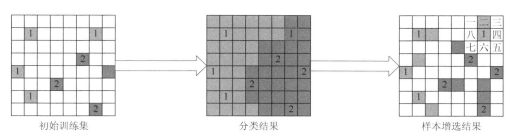

　　　　初始训练集　　　　　　　　　　　分类结果　　　　　　　　　　样本增选结果

图 4-1　样本选择策略

4.3.2 算法描述

（1）从初始训练样本集 L 中利用可重复取样的方法按每类随机抽选三组训练集 $L_i(i=1,2,3)$；

（2）分类器 h_i 分别用训练样本 L_i 进行训练学习，将分类规则应用到整个数据集，得到分类结果 S_i；

（3）针对分类器 h_i，对比剩余两个分类器 h_j 和 $h_k(i \neq j \neq k)$ 的预测结果，找到预测结果相同的样本集 S_u；

（4）利用 4.3.1 部分提出的增选样本选择策略从 S_u 中选择若干个置信度较高的未标记样本 L_i'，并更新 L_i 和 U_i，$L_i = L_i \bigcup L_i', U_i = U_i - L_i'$；

（5）利用更新后的训练集 L_i 转到步骤（2），直到三个分类器 h_i 的分类结果 S_i 不再改变。

（6）结合投票法对三个分类器的分类结果 S_i 进行处理，进而获得最后的预测结果。

4.4 实 验 数 据

本书使用的高光谱遥感数据是由反射式光学系统图像分光计（reflective optical system image spectrometer，ROSIS）和机载可见光/红外成像光谱仪（airborne visible infra-red image spectrometer，AVIRIS）两种传感器获取的。

4.5 实验结果与分析

4.5.1 实验设置

分别将分类器 SVM、MLR、KNN、ELM 和 RF 标记为 1、2、3、4、5。在本次实验里，训练集和测试集都是利用随机抽样的方法按类别从所有样本中选择的，分别占 20%、80%，初始训练样本按地物类别利用随机抽样的方法分别选择 5 个、10 个和 15 个，余下的作为未标记样本。当训练集中的某一类的样本数达不到初始训练样本数量时，从测试集中补充选择。所有实验结果都是重复实验 10 次取其平均值。

4.5.2 分类器差异性度量实验

表 4-2 给出了以 tri-training 算法为基础，利用不同差异性度量策略选择不同

的分类器组合的分类效果。Q 统计、DM 和相关系数选择的分类器组合是 MLR、KNN、ELM，DF 策略选择的分类器组合是 SVM、KNN、ELM，而 WDA 策略选择的分类器组合是 MLR、KNN、RF。从表 4-2 可得到，WDA 在两景高光谱影像六组实验中，有五组都是最优的。因此，本章提出的差异性度量策略是有效的。

表 4-2　用差异性度量和 TT 算法选择出来的分类器组合

Diversity	Classifiers combination	Indian Pines			Pavia University		
		5	10	15	5	10	15
Q	2,3,4	60.46%	64.89%	71.42%	66.86%	75.77%	78.82%
DM	2,3,4	60.46%	64.89%	71.42%	66.86%	75.77%	78.82%
DF	1,3,4	58.34%	65.29%	69.76%	66.47%	71.32%	75.89%
ρ	2,3,4	60.46%	64.89%	71.42%	66.86%	**75.77%**	78.82%
WDA	2,3,5	**63.75%**	**69.75%**	**79.06%**	**67.44%**	74.44%	**81.72%**

4.5.3　改进算法进一步验证差异性度量的效果

从 4.5.2 节可以明显看出 2，3，5 与 2，3，4 组合明显优于 1，3，4 及其他组合，所以在本节我们利用改进的协同训练算法对差异性效果进行验证，同时也验证改进的协同训练算法效果是否优于传统的协同训练算法。

4.5.3.1　Indian Pines 数据实验

比较表 4-3 中的分类结果，当初始训练样本每类个数分别是 5、10 和 15 时，TT_MKE_SNI 的总体精度比 TT_MKE 的总体精度提高了 12.06%、15.45% 和 12.72%；TT_MKE_SNI 的 Kappa 系数比 TT_MKE 的 Kappa 系数提高了 0.1282、0.1731 和 0.1404。而 TT_MKR_SNI 的总体精度比 TT_MKR 的总体精度提高了 13.99%、15% 和 10.41%；TT_MKR_SNI 的 Kappa 系数比 TT_MKR 的 Kappa 系数提高了 0.1549、0.1643 和 0.1161。所以两种分类器组合方式都说明本书提出的 TT_SNI 算法比 TT 对未标记样本的标定更加准确。比较两种分类器度量方法，从表 4-2 中可以明显看出，WDA 方法选择的 MKR 分类器组合方式的分类精度明显高于 D 方法选择的 A 分类器组合方式。为了更好地表现两种算法的性能差异，图 4-2 给出了 TT_SNI 和 TT 算法在不同分类器组合和不同初始训练样本条件下的分类结果图。

表 4-3 **Indian Pines 数据在在不同初始样本条件下的分类精度**

初始训练样本个数		5	10	15
TT_MKE	OA/%	60.46	64.89	71.42
	Kappa	0.5648	0.6053	0.6809
TT_MKR	OA/%	**62.24**	**67.00**	**76.95**
	Kappa	0.5787	0.6333	0.7410
TT_MKE_SNI	OA/%	72.52	80.34	84.14
	Kappa	0.6930	0.7784	0.8213
TT_MKR_SNI	OA/%	**76.23**	**82.00**	**87.36**
	Kappa	0.7336	0.7976	0.8571

TT_MKE($L = 5$) TT_MKE($L = 10$) TT_MKE($L = 15$)

TT_MKR($L = 5$) TT_MKR($L = 10$) TT_MKR($L = 15$)

TT_MKE_SNI ($L = 5$) TT_MKE_SNI ($L = 10$) TT_MKE_SNI ($L = 15$)

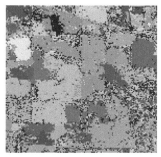  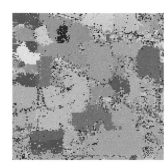

TT_MKR_SNI($L = 5$)　　　　　　　TT_MKR_SNI($L = 10$)　　　　　　　TT_MKR_SNI($L = 15$)

图 4-2　Indian Pines 数据在不同初始样本条件下的分类效果图

4.5.3.2　Pavia University 数据实验

比较表 4-4 中的分类结果，当初始训练样本每类个数分别是 5、10 和 15 时，TT_MKE_SNI 的总体精度比 TT_MKE 的总体精度提高了 8.06%、4.83% 和 4.94%；TT_MKE_SNI 的 Kappa 系数比 TT_MKE 的 Kappa 系数提高了 0.104、0.064 和 0.0659。而 TT_MKR_SNI 的总体精度比 TT_MKR 的总体精度提高了 7.2%、7.66%、6.42%；TT_MKR_SNI 的 Kappa 系数比 TT_MKR 的 Kappa 系数提高了 0.0872、0.0926、0.0847。所以两种分类器组合方式都说明本书提出的 TT_SNI 算法比 TT 对未标记样本的标记更加准确。进而从表 4-4 中可以明显看出，TT_MKR 的分类精度比 TT_MKE 的分类精度要高，且 TT_MKR_SNI 的分类精度明显高于 TT_MKE_SNI 的分类精度。所以本书提出的 WDA 方法在度量和选择分类器组合方面要优于其他的差异性度量策略。为了更好地说明两种算法的性能差异，图 4-3 给出了 TT_SNI 和 TT 算法在不同分类器组合和不同初始训练样本条件下的分类结果图。

表 4-4　Pavia University 数据在不同初始样本条件下的分类精度

初始训练样本个数		5	10	15
TT_MKE	OA/%	66.86	**75.21**	78.82
	Kappa	0.5832	0.6827	0.7251
TT_MKR	OA/%	**67.92**	73.67	**80.58**
	Kappa	0.6015	0.6693	0.7469
TT_MKE_SNI	OA/%	74.92	80.04	83.76
	Kappa	0.6872	0.7467	0.7910
TT_MKR_SNI	OA/%	**75.12**	**81.33**	**87.00**
	Kappa	0.6887	0.7619	0.8316

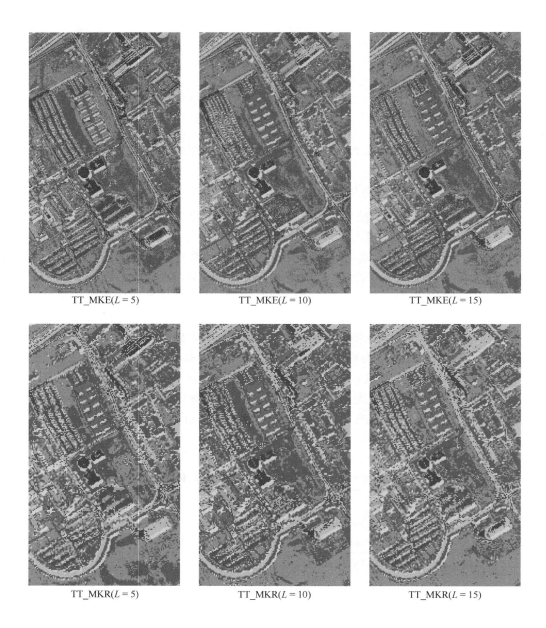

TT_MKE(L = 5)　　　　　　　TT_MKE(L = 10)　　　　　　　TT_MKE(L = 15)

TT_MKR(L = 5)　　　　　　　TT_MKR(L = 10)　　　　　　　TT_MKR(L = 15)

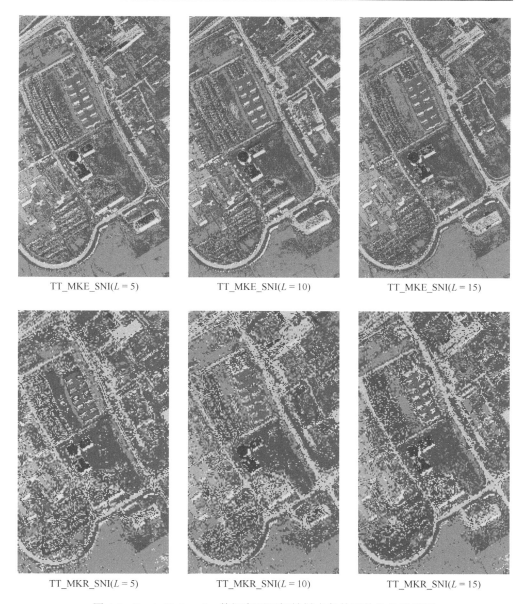

TT_MKE_SNI(L = 5)　　　　　TT_MKE_SNI(L = 10)　　　　　TT_MKE_SNI(L = 15)

TT_MKR_SNI(L = 5)　　　　　TT_MKR_SNI(L = 10)　　　　　TT_MKR_SNI(L = 15)

图 4-3　Pavia University 数据在不同初始样本条件下的分类效果图

通过以上实验结果的分析，可得出如下结论：

（1）在 Indian Pines 和 Pavia University 数据的实验结果都表明，TT_SNI 算法在分类精度和 Kappa 系数方面都优于 TT 算法，说明在高光谱遥感影像分类方面 TT_SNI 算法更有效；

（2）在两种数据的实验中，随着初始训练样本数量的增加，TT 算法和 TT_SNI 算法之间的性能差距在缩小，说明在初始训练样本数量很少时，TT 算法对增选样本的标签确定存在较大的误差，而 TT_SNI 算法对增选样本的标记更加准确；

（3）TT_SNI 算法在 Indian Pines 和 Pavia University 数据实验中获得了一致的结果，说明 TT_SNI 算法具有一定的稳定性；

（4）在两种数据的实验中，MKR 分类器组合在两种算法的分类精度都优于 MKE 分类器组合，说明 WDA 分类器差异性度量方法比其他分类器差异性度量方法在分类器选择中更有效。

4.6　本　章　小　结

本章节针对现有差异性度量策略在高光谱遥感影像分类研究中不能选择适合的、性能互补的分类器组合问题，提出将分类器在每类地物的分类精度作为约束项引入到差异性计算的过程中。通过协同训练算法在 Indian Pines 和 Pavia University 两景高光谱遥感数据上进行对比实验，实验结果表明提出的差异性度量方法可更好地指导分类器组合的构建；进而针对协同训练在增选样本过程中存在的问题，提出将空间邻域信息加入样本增选过程中加以约束，并在两景高光谱数据中进行实验，实验结果一致表明相比于其他差异性度量方法，本章提出的差异性度量方法可选择性能互补的分类器进行协同训练；同时相比于 tri-training 算法，在分类性能上 tri-training-SNI 算法有很大的提升。因此，本章节的研究为后续章节的协同训练算法研究提供分类器组合理论依据。

第 5 章　基于邻域信息和多分类器的高光谱影像半监督分类

5.1　非标记样本标注分析

非标记样本标注是遥感影像半监督分类中另一个重要的研究内容。对于被选择出来的非标记样本来说，如果样本标签给定不正确不仅不会提高分类器的性能，甚至会由于提供错误信息而起到相反的作用，得到更加糟糕的结果。

分析非标记样本被分错的原因，一方面是由于在初始训练样本较少的情况下，分类器给定的很多信息都是片面的甚至是错误的；另一方面是由于一些相似地物的线性不可分性、高光谱数据维数过高引起的信息冗余、混合像元问题严重以及尺度效应等因素的影响，更是加剧了问题的困难性。对于选择出来的非标记样本往往都是这些原因比较明显的像元，具有较多信息量的同时与标签较难确定形成了一个冲突激烈的矛盾，即越难标注的非标记样本信息量越大。所以，非标记样本标签确定需要解决的核心问题就是：怎么样在保证非标记样本信息量的同时提高标注的准确率。一个解决此问题的核心思路就是在光谱信息的基础上将其他形式的信息与之相融合或者是不同种策略之间的组合。

5.2　常用非标记样本的确定方法

形式多样的空间信息与层出不穷的光谱信息交叉结合衍生出大量的标签确定算法，每一种算法都有着自己鲜明的特点；邻域信息的标定能力一直是算法研究的热点；不同类型分类器之间的相互融合形成了不同的集成算法。本节主要介绍以下三种非标记样本标签确定方法的最新研究成果：①基于空间光谱信息的标签确定方法；②基于邻域信息的标签确定方法；③基于多分类器融合的标签确定方法。

5.2.1　基于空间光谱信息的标签确定方法

遥感技术发展至今，光谱信息的提取一直是研究的基础和重点，大量的理论研究与改进算法不断涌现，发展也是相对成熟。但是对于不易区分的地物，仅仅使用光谱信息是很难获得较理想的结果。空间信息与光谱信息的融合是目前的一个研究热点。目前较多的研究主要都是集中在光谱信息与空间纹理信息的融合。通过不同的空间信息提取方法从数据波段融合，到分类器融合再到分类后结果的融合，这种在各个分类的环节上进行不同类型光谱空间信息融合的基本思路就是优化分类环节的同时提高分类器的性能。王立国教授（Wang et al.，2014c）指出，空间信息提取方式概括起来主要有三种形式：①形态学扩展；②马尔可夫随机场；③影像分割。

5.2.2 基于邻域信息的标签确定

基于邻域信息的标签确定方法主要是依据地物空间位置属性之间的相关性以及地物信息的传递性。该方法的思路是：首先以训练样本的 4 邻域或者 8 邻域构建一个局部的子区域，结合地物光谱相似性提供的先验知识，从子区域里提取出与中心像元类别可能性最大的非标记样本，并将二者归并到同一类。由于中心像元训练样本的标签是已知的，也就确定了非标记样本的标签。这样就将地物光谱信息与空间邻域信息进行了很好的结合。对于类似多元逻辑回归这种概率型分类器来说，地物光谱相似性可以通过各像元的概率矩阵反映。图 5-1 显示了这种算

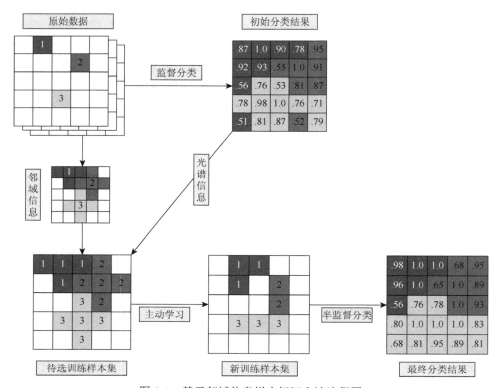

图 5-1　基于邻域信息样本标记方法流程图

法的示意图。文献（Dópido et al.，2013；Wang et al.，2014c）就是依据此种策略来标定样本。

该算法经常是不经历非标记样本选择的过程，在标定非标记样本的同时已经进行了样本的选择，因此会遇到的一个问题就是，选择出来的很多非标记样本都是信息冗余的。为了解决这个问题，在选出的已经确定标签的数据集当中应用样本选择策略最后进行一次筛选，这样就避免了运算量大的问题。

5.2.3 基于多分类器融合的标签确定方法

基于多分类器融合的标签确定方法主要是依据不同类型分类器在确定同一非标记样本时候从不同的假设理论出发更能够全面均衡的去评价该样本点，弥补单一分类器的局限性。该方法的具体思路是：多种分类器以并联的形式集成分类器，然后以投票的形式去判断到底哪种类别出现的次数最多来确定类别标签；也可以串联的形式集成分类器，符合各种分类器的判断条件或者落入容忍范围即可给出一致的结果。图 5-2 显示了这两组策略的示意图。文献（陈冰和张化祥，2008）

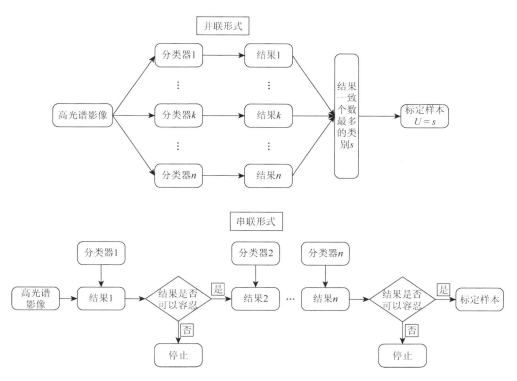

图 5-2 基于多分类器融合的样本标记方法流程图

指出，常用的集成分类器主要有决策树、神经网络、朴素贝叶斯分类器等。由于其主要依靠多分类器训练结果，本书暂不讨论该算法。

该算法存在的问题有：①如何分析并选择合适的分类器进行组合才能得到最理想的结果需要不断研究和探索，目前还没有一个根本性的结论，只能针对具体问题选择相适应的分类器进行组合；②在半监督分类过程中如果以投票法的方式去选择非标记样本，而使用融合后的分类器去进行表决，势必是一组矛盾。

5.3　一种新的样本标记方法

本节主要内容是综合上节所述的各种方法，针对高光谱遥感影像半监督分类研究内容提出了一种基于非标记样本空间邻域信息和分类器融合的标签确定方法。从降低待估计样本点的复杂性和提高样本点确定的准确率两方面构建算法。

地理学第一定律指出：地物属性特征在地球表面上与其他地物都有着一定的关联性，距离越近关联性越强。地理事物或属性在空间分布上互为相关，存在集聚、随机、规则的分布规律。因此基于训练样本 4 邻域或者 8 邻域的空间邻域信息经常被广泛的应用在样本确定当中。然而非标记样本的邻域信息由于中心像元的未知和缺乏足够的判断信息而在样本确定的研究中一直相对较少。在影像 100%被分对的情况下，所有的像元都可以作为训练样本，由此可以很轻易地得到一个结论：任意一个像元的标签肯定和距离该像元最近的 8 邻域当中的一个像元的标签一致；在只有少量训练样本的时候，上述结论是不成立的，我们可以利用的可靠信息只有训练样本的标签，不能保证非标记样本的标签与距离非标记样本最近的训练样本的标签一致。然而上述定律与结论给我们的启示是，局部区域上同类地物应该聚集在一起，并且非标记样本的标签极有可能应该和它附近出现的训练样本当中一个的类别一致。

依据上述启示，本节新算法的基本思路是：首先，通过圈定非标记样本周围出现的训练样本形成一个待判断类别的数据集，这样可以起到一个缩小判断范围的作用，将一些干扰因素排除掉。然后，通过分类结果给出的非标记样本的类别标签来判断该标签是否出现在待判断类别的数据集。只要分类器给定的标签与待判断类别的数据集中出现的某一个训练样本的标签一致就认为该分类器的判断是正确的，并将判断出的正确标签赋予中心像元非标记样本。此时主要会面临三个问题：①在初始样本很少的情况下无法保证所有的非标记样本点周围会出现足够的训练样本；②通过何种方式形成待判断类别的数据集，常用的 4 邻域或者 8 邻域是否仍然适用；③待判断类别的数据集形成后只通过单一分类器的分类结果从该数据集里找出正确的类别标签是否可靠。

　　半监督分类算法是一个循环迭代的过程，虽然不能保证所有的非标记样本的邻域内会出现足够的训练样本来构建待判断类别的数据集，但是可以保证有一些非标记样本是满足条件的。只要有非标记样本被确定标签并被增选就会扩大训练样本集。随着不断的循环迭代，没有被选入的非标记样本可能会在下次循环的过程中被选择，之前被选入的非标记样本在下次循环的时候是可以作为训练样本使用，这样就会使得更多的非标记样本满足条件。也就是说不是所有选出来的非标记样本都要被确定标签，这种有放回的增选会在保证训练样本高准确率的同时循序渐进的提高分类器的性能；在初始循环的过程当中，由于训练样本分布过于稀疏，常用的 4 邻域或者 8 邻域已经不再适用，不能充分的反映中心非标记样本和周围若干训练样本之间的关联，此时需要扩大训练样本的搜索范围。随着分类影像尺度的变化，相应的邻域范围也需要扩大或者缩小；使用单分类器的分类结果从待判断类别的数据集里找出正确的类别标签是一个有待提高精确度的研究内容。判断的准确与否很大程度上决定着整个算法的好坏。

　　本节提出的新算法首先结合非标记样本的空间邻域信息形成待判断类别的数据集，使用该样本点圆形邻域来搜索训练样本；然后通过融合分类器确定最终类别标签。

5.3.1　基于空间邻域信息形成待判断类别的数据集

　　数据集的构造可以分为两部分：圆形搜索邻域的构建和空间邻域信息的利用。

　　第一步：圆形邻域（circle-neighborhood，CN）：该邻域的构建首先以待确定的非标记样本为中心，以合适的搜索半径 D 来搜寻落入所构建圆形邻域的训练样本。选择圆形搜索邻域而不采用 4 邻域、8 领域或者更大的邻域，一方面是可以更精确的表示像元之间距离远近的关系，避免正对角方向像元与斜对角方向像元之间的差异；另一方面圆形邻域在具体算法实现的过程中更便于调节，搜索到最佳搜索半径 D。

　　第二步：空间邻域信息（spatial neighborhood information，SNI）：圆形邻域构建之后形成的空间邻域信息是被用来搜寻落入所构建圆形邻域的训练样本，降低了分类器的判断难度。并在此基础上将落入圆形邻域的训练样本进行一个统计，统计这些训练样本的标签形成的类别子空间得到待判断类别的数据集。然后判断分类器给定的中心像元非标记样本的标签是否出现在该数据集当中。图 5-3 显示了圆形邻域如何构建以及空间信息如何被使用。

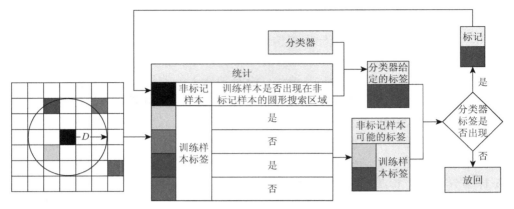

图 5-3　基于空间邻域信息的标记确定过程

5.3.2　基于融合分类器确定最终类别标签

多元逻辑回归分类器（MLR）是一种拟合性的分类器，由于每一类的初始训练样本较少，拟合出来的回归参数与真值之间有着很大的偏差，甚至一些估算值存在着严重的错误，很难保证该分类器给定的所有非标记样本的标签是正确的。如果错误的标签也出现在待判断类别的数据集，这就会造成很大的误差。因此为了解决单一分类器出现错误的可能性较大的问题，K 近邻分类器（K-nearest neighbor，KNN）被采用与多元逻辑回归分类器相结合。大量的实验已经证明：支持向量机（SVM）和 K 近邻分类器的结合能够克服各自的缺点近而提升最终的多分类效果（Li et al.，2005；Yuan et al.，2008）。同时也指出 K 近邻分类器虽然单独分类精度不高，但是它的优点是在类别边界处有着很好的分类效果。由此受到启发，由于多元逻辑回归分类器分类效果较差的区域正是类别边界处，将多元逻辑回归分类器与 K 近邻分类器相结合将能取得很好的分类效果。接下来介绍的实验结果最终也证实了这一点。

图 5-4 显示了多元逻辑回归分类器与 K 近邻分类器具体的结合方式和确定非标记样本最终类别的过程。对于任意一个非标记样本，按照 5.3.1 节提到的方法形成待判断类别的数据集。当两个分类器给定的分类结果标签一致，且都出现在该数据集或者只有其中一个分类器给定的分类结果标签出现在该数据集当中，完成非标记样本的标定任务；如果两个分类器给定的分类结果标签不一致，但都出现在该数据集或者两个分类器给定的分类结果标签都没有出现在该数据集，这些情况都表明：目前，这两种相互结合的分类器还没有能力来标定该非标记样本。这种难以标定的非标记样本将被放回以保持形成的新标记样本较高的准确率。正确的训练样本的增加必定能够在不断的迭代过程中使得融合分类器的性能得到提升，难以确定的非标记样本或许在下一次循环的时候就被选入到训练样本集当中。

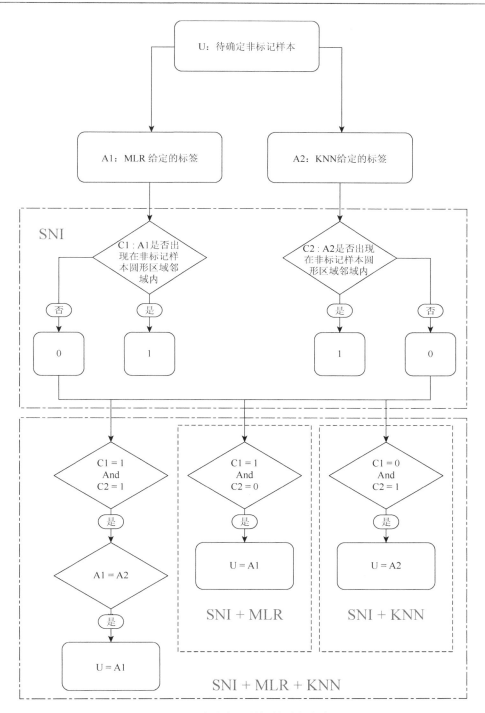

图 5-4　多分类器详细的融合方式

最终确定的类别 $\hat{y}$:

$$\hat{y} = \begin{cases} y_{\mathrm{MLR}}, & \mathrm{if}(c_{\mathrm{MLR}}=1, c_{\mathrm{KNN}}=0) \\ y_{\mathrm{KNN}}, & \mathrm{if}(c_{\mathrm{MLR}}=0, c_{\mathrm{KNN}}=1) \\ y_{\mathrm{MLR}}, & \mathrm{if}(c_{\mathrm{MLR}}=1, c_{\mathrm{KNN}}=1, y_{\mathrm{MLR}}=y_{\mathrm{KNN}}) \end{cases} \tag{5-1}$$

其中，$\begin{cases} c_{\mathrm{MLR}}=1, \mathrm{if}(\mathrm{Label}_{\mathrm{MLR}} \in CN) \\ c_{\mathrm{MLR}}=0, \mathrm{if}(\mathrm{Label}_{\mathrm{MLR}} \notin CN) \\ c_{\mathrm{KNN}}=1, \mathrm{if}(\mathrm{Label}_{\mathrm{KNN}} \in CN) \\ c_{\mathrm{KNN}}=0, \mathrm{if}(\mathrm{Label}_{\mathrm{KNN}} \notin CN) \end{cases}$ 。

5.4　实验结果与分析

本节提出的新算法首先使用多元逻辑回归分类器获取分类结果的同时得到后验概率矩阵，方便运用分裂法样本选择策略得到信息量较大的非标记样本；K 取经验值 3；初始样本个数 L 取值为 5、10、15。

5.4.1　搜索半径 D 的确定

通过本章上述理论部分可以很容易发现，影响实验结果好坏的关键参数就是搜索半径 D 的选择。同时也决定着被选入的非标记样本的数量，这也直接影响着整个实验的运算效率。通过大量实验来确定 AVIRIS 和 ROSIS 数据的最优半径。

图 5-5（a）～（c）显示了 AVIRIS 数据的实验结果。当搜索半径 D 以 1 为步长从 1 变化到 6 的时候，$d=4$ 或者 $d=5$ 的实验结果是可以接受的；图 5-5（d）～（f）显示了 ROSIS 数据的实验结果。搜索半径 D 以 5 为步长从 5 变化到 25 的时候，$d=10$ 的实验结果是可以接受的。由此我们也可以得到的结论是合适的搜索半径 D 主要与影像的大小相关，当影像尺寸一定的时候，D 的值也是相应稳定的。

5.4.2　对比实验

在这一部分，三组对比实验被罗列来解释各种可能存在的问题。

实验 1：空间邻域信息的使用对实验结果的影响。如图 5-6 所示，当选出的非标记样本的标签仅仅通过 MLR 分类器得到的分类结果图来给定的时候（Without SNI），随着迭代次数的增加不仅不会改善结果，反而性能下降。造成这种现象出现的主要原因就是，在初始样本较少的情况下，分类结果精准度较低，使得很多标定的标签是错误的；当空间邻域信息被用在标签确定过程的时候，随着迭代次数的增加最终的分类效果得到了很大的改善。这组实验说明提出的新方法 SNI-unL 是有效的。

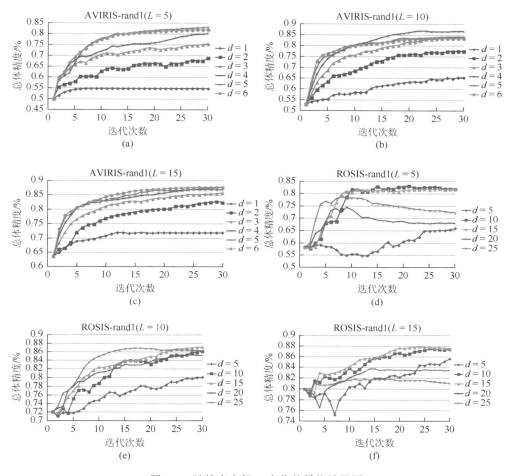

图 5-5   随搜索半径 D 变化的最终结果图

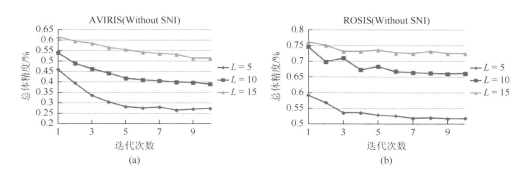

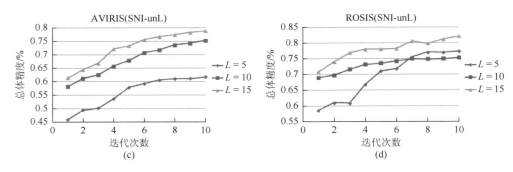

图 5-6　是否使用邻域信息对实验结果的影响

实验 2：分类器融合对最终实验结果的影响。表 5-1 显示了分别在以每类 5、10、15 个初始训练样本的条件下 AVIRIS 数据得到的分类精度和 Kappa 系数。每组实验又分别从步长为 1 开始以步长 1 个单位增长的速度获得 6 组不同步长下的结果。最终标签确定的三种不同方法（只使用 MLR 分类器、只使用 KNN 分类器、MLR 与 KNN 两个分类器都使用）被使用作为对比实验来证明新提出算法的效果，总共 54 次实验。

通过表 5-1 我们可以得到以下几个重要的结论：①在每类初始训练样本数量和循环次数一定的情况下，总体分类精度和 Kappa 系数随着搜索半径 D 的不断变大先升高后降低；②在搜索半径 D 和循环次数一定的情况下，总体分类精度和 Kappa 系数随着每类初始训练样本个数的不断增加先升高后降低；③在搜索径 D 等于 3 或者 4 的时候分类效果达到最佳；④多元逻辑回归分类器与 K 近邻分类器相结合后得到的分类效果要好于单独使用其中任意一个分类器得到的分类效果；⑤当单独只使用其中一个分类器与空间纹理信息相结合，一些结果也是可以接受的，说明基于圆形空间领域信息是可以起到积极的效应。

表 5-1　AVIRIS 的分类精度（OA）和 Kappa 系数

OA(Kappa)% AVIRIS	D	1	2	3	4	5	6
MLR+SNI	L=5	46.58(42.25)	61.54(58.02)	**66.04(62.85)**	61.83(58.26)	60.70(56.88)	61.68(58.01)
	L=10	60.25(56.42)	73.12(70.30)	79.36(76.89)	**80.42(78.10)**	79.16(76.67)	79.75(77.31)
	L=15	64.33(60.83)	80.74(78.44)	83.59(81.51)	**84.76(82.79)**	83.98(81.90)	83.70(81.54)
KNN+SNI	L=5	46.95(42.61)	55.98(52.24)	58.24(54.30)	**59.90(55.80)**	58.82(54.33)	59.61(55.29)
	L=10	59.65(55.75)	73.73(70.47)	76.63(73.60)	**79.74(77.08)**	78.50(75.56)	76.11(72.97)
	L=15	64.94(61.36)	78.51(75.74)	79.11(76.27)	**81.08(78.35)**	79.92(77.05)	77.60(74.41)

续表

OA(Kappa)% AVIRIS	D	1	2	3	4	5	6
MLR+KNN+SNI	L=5	46.77(42.45)	63.94(60.39)	**70.99(67.81)**	64.12(60.45)	68.91(65.50)	63.46(59.64)
	L=10	65.87(62.41)	76.78(74.01)	82.30(80.09)	**86.01(84.17)**	85.38(83.46)	83.17(80.99)
	L=15	72.08(68.99)	84.52(82.55)	89.62(88.62)	**90.44(89.15)**	87.56(85.89)	87.61(85.90)

　　为了更直观的表现出三种不同方法的效果，图 5-7 显示了分别在以每类 5、10、15 个初始训练样本的条件下循环迭代 30 次 AVIRIS 数据得到的分类影像。其中搜索半径 D 为 4。

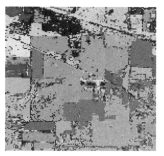

MLR + SNI
(L = 5, D = 4, 61.83%)

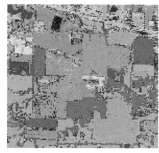

KNN + SNI
(L = 5, D = 4, 59.90%)

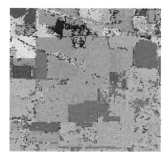

KNN + MLR + SNI
(L = 5, D = 4, 64.12%)

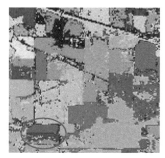

MLR + SNI
(L = 10, D = 4, 80.42%)

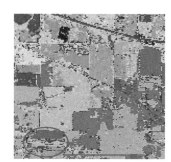

KNN + SNI
(L = 10, D = 4, 79.74%)

KNN + MLR + SNI
(L = 10, D = 4, 86.01%)

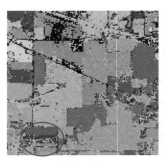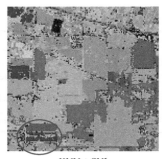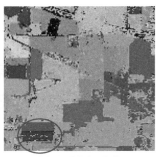

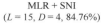

MLR + SNI	KNN + SNI	KNN + MLR + SNI
($L=15$, $D=4$, 84.76%)	($L=15$, $D=4$, 81.08%)	($L=15$, $D=4$, 90.44%)

图 5-7　　AVIRIS 数据三种不同方法的最终分类结果图

表 5-2 显示了分别在以每类 5、10、15 个初始训练样本的条件下 ROSIS 数据得到的分类精度和 Kappa 系数。每组实验又分别从步长为 5 开始以步长 5 个单位增长的速度获得 6 组不同步长下的结果。最终标签确定的三种不同方法（只使用 MLR 分类器、只使用 KNN 分类器、MLR 与 KNN 两个分类器都使用）被使用作为对比实验来证明新提出算法的效果，总共 54 次实验。

表 5-2　ROSIS 的分类精度（OA）和 Kappa 系数

OA(Kappa)% ROSIS	D	5	10	15	20	25	30
MLR+SNI	$L=5$	62.78(53.47)	**63.65(55.75)**	63.21(55.58)	54.14(46.03)	52.76(45.11)	52.97(44.12)
	$L=10$	64.24(56.58)	82.89(77.48)	**83.77(78.14)**	83.46(77.94)	83.54(78.03)	81.13(75.05)
	$L=15$	81.00(75.68)	84.94(80.24)	**85.10(80.61)**	83.46(78.75)	82.23(76.89)	80.77(75.22)
KNN+SNI	$L=5$	61.87(53.56)	69.69(62.36)	70.15(63.62)	68.85(62.14)	68.34(61.51)	67.23(60.26)
	$L=10$	78.83(72.26)	79.86(72.82)	78.04(69.38)	**80.67(73.21)**	78.05(69.76)	75.56(65.76)
	$L=15$	78.70(72.75)	81.73(76.04)	**81.87(75.50)**	79.82(73.38)	81.46(75.28)	78.65(71.58)
MLR+KNN+SNI	$L=5$	66.01(56.71)	65.44(57.86)	**76.46(70.59)**	56.49(48.46)	62.36(54.53)	58.70(49.36)
	$L=10$	79.34(73.53)	84.91(79.85)	**85.47(80.38)**	85.03(79.73)	83.89(78.38)	81.60(74.61)
	$L=15$	79.12(73.44)	**88.08(84.14)**	87.97(84.06)	85.02(80.22)	84.81(79.75)	83.02(77.25)

通过表 5-2 我们可以得到以下几个重要的结论：①在每类初始训练样本数量和循环次数一定的情况下，总体分类精度和 Kappa 系数随着搜索半径 D 的不断变大先升高后降低；②在搜索半径 D 和循环次数一定的情况下，总体分类精度和 Kappa 系数随着每类初始训练样本个数的不断增加先升高后降低；③多元逻辑回归分类器与 K 近邻分类器相结合后得到的分类效果要好于单独使用其中任意一个分类器得到的分类效果；④当单独只使用其中一个分类器与空间纹理信息相结合，一些结果也是可以接受的，说明基于圆形空间领域信息是可以起到积极的效应；

⑤ROSIS 数据得到的前四个结论与 AVIRIS 数据是完全一致的；⑥在搜索半径 D 等于 10 或者 15 的时候分类效果达到最佳。

　　为了更直观的表现出三种不同方法的效果，图 5-8 显示了分别在以每类 5、10、15 个初始训练样本的条件下循环迭代 30 次得到的 ROSIS 数据分类影像，其中搜索半径 D 为 10。

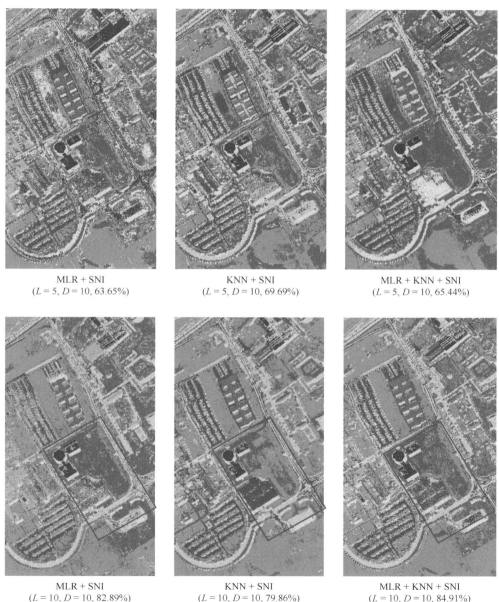

MLR + SNI
($L = 5, D = 10, 63.65\%$)

KNN + SNI
($L = 5, D = 10, 69.69\%$)

MLR + KNN + SNI
($L = 5, D = 10, 65.44\%$)

MLR + SNI
($L = 10, D = 10, 82.89\%$)

KNN + SNI
($L = 10, D = 10, 79.86\%$)

MLR + KNN + SNI
($L = 10, D = 10, 84.91\%$)

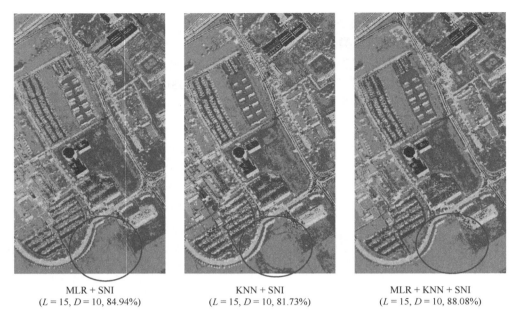

MLR + SNI　　　　　　　　KNN + SNI　　　　　　　MLR + KNN + SNI
($L = 15$, $D = 10$, 84.94%)　　　　（$L = 15$, $D = 10$, 81.73%）　　　（$L = 15$, $D = 10$, 88.08%）

图 5-8　ROSIS 数据三种不同方法的最终分类结果图

　　实验 3：与其他半监督方法结果的比较。在这一部分，一种常用的基于标记样本空间邻域信息的半监督分类方法（SNI-L）被选择与提出的基于非标记样本空间邻域信息半径分类方法（SNI-unL）做比较来说明提出方法的有效性。图 5-9（a）～（c）显示了两种方法以 AVIRIS 为源数据得到的实验结果，搜索半径为 4；图 5-9（d）～（e）显示了两种方法以 ROSIS 为源数据得到的实验结果，搜索半径为 10。由此我们可以很容易的发现：提出的 SNI-unL 方法的效果要远好于流行的 SNI-L 方法。而且可以从两组不同的实验数据得到相同的结论。

　　图 5-10（a）和（b）分别显示了以每类 5、10、15 个初始训练样本的条件下 AVIRIS 和 ROSIS 数据使用的训练样本个数随迭代次数增加的变化曲线图。每条曲线都是重复 10 次实验得到的均值，10 次实验的所有初始训练样本都是从测试样本当中随机抽取，这样更能说明一般问题。分类器选择"MLR+KNN+SNI"模式。搜索半径 D 为 4。根据图 5-9（a）～（c）和图 5-10（a）可以观察到：AVIRIS 数据在以每类 5、10、15 个初始训练样本的条件下，循环迭代 10 次后得到的最终总体分类精度就可以分别达到 70%，80% 和 85% 的精度，然而在分 16 类的情况下总共的训练样本个数都少于 1000 个。这说明实验运算效率是很可观的。循环迭代 30 次后得到的最终总体分类精度分别可以达到 75%，87% 和 90% 的精度。根据图 5-9（d）-（f）和图 5-10（b）可以观察到：ROSIS 数据在以每类 5、10、15 个初始训练样本的条件下，循环迭代 10 次后得到的最终总体分类精度就可以

分别达到 73%，82%和 85%的精度，然而在分 9 类的情况下总共的训练样本个数都少于 400 个。这同样说明了实验运算效率是很可观的。循环迭代 30 次后得到的最终总体分类精度分别可以达到 78%，87%和 89%的精度。

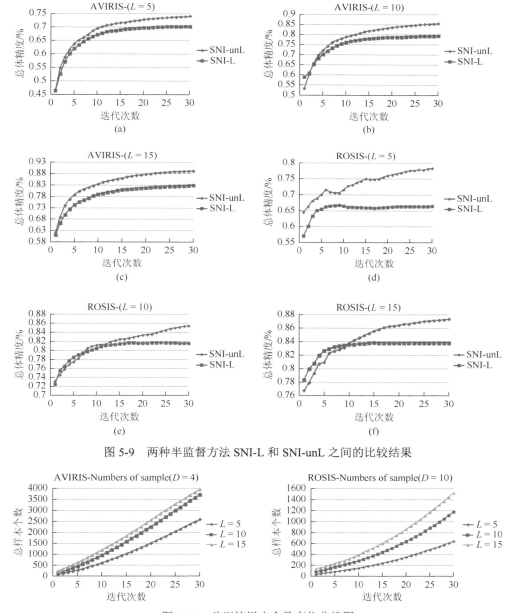

图 5-9　两种半监督方法 SNI-L 和 SNI-unL 之间的比较结果

图 5-10　总训练样本个数变化曲线图

5.5　本　章　小　结

在高光谱影像半监督分类过程当中，通过样本选择策略选择出待确定非标记样本后关键技术就是如何给定标签。本章主要是介绍了在样本确定的过程当中经常会遇到的问题和常用的解决方法，并提出一种新的样本确定方法。新算法将非标记样本的圆形空间邻域信息与多分类器融合技术结合起来得到了很好的效果，并通过实验得到了证明。圆形空间邻域信息的使用能够帮助从所有类别当中选出可能性较大的类别并形成一个子集合，这样排除干扰信息的同时降低了分类器的判断难度；通过多元逻辑回归分类器与 K 近邻分类器的融合避免了精确度不高的问题。

第 6 章　基于主动学习及同质集成的协同训练高光谱影像分类

由前面研究内容可知，在五个分类器（SVM、MLR、KNN、RF、ELM）中，由 MLR、KNN、RF 组建的分类器组合差异性最大，因此我们选择这三个分类器作为协同训练的基分类器。在深入研究周志华老师提出的 tri-training 算法基础上，发现该算法虽然克服了之前提出的 co-training 算法需要两个完全冗余视图的必要条件，但还存在一些不足：在假设未标记样本与训练样本的分布式一致的前提条件下，单纯依靠训练样本进行错误率的估计是不合适的；在样本增选的过程中，存在过拟合的问题，因为在样本增选的过程中设定了只有每次循环所获得的精度比上一次的高才能增选样本；同时这也引起训练过程的不可控性，无法控制达到结束条件所花费的时间；此外，增选样本在标签的标定过程中还存在误标记问题。因此，本章针对上述问题，从增选样本的选择、增选样本的标签确定及实验结果的处理三方面进行算法改进。首先，利用初始训练样本的 8 邻域信息及另外两个分类的相同分类结果构建增选样本候选集并确定增选样本的标签；然后，利用主动学习方法从未标记样本中选择若干个信息量大的作为增选样本；最后，利用多尺度同质集成对分类结果进行处理，消除椒盐现象，获得最后分类结果。同时，利用两景不同的高光谱影像对改进算法和传统协同训练算法进行实验比较，并比较不同的分类后处理方法的效果。

6.1　未标记样本的选择与标定

选择的未标记样本所含信息量的大小和其标签的正确与否直接影响协同训练算法的运行效率优劣，同时也影响最后分类性能的高低。因此，本部分对协同训练的样本增选策略进行了改进，具体增选流程如图 6-1 所示。

改进的增选样本策略包含两个关键的步骤：增选样本候选集的构建和主动学习策略的选择。

6.1.1　增选样本候选集的构建

增选样本候选集的构建是为了解决协同训练学习过程中的样本标注问题。对

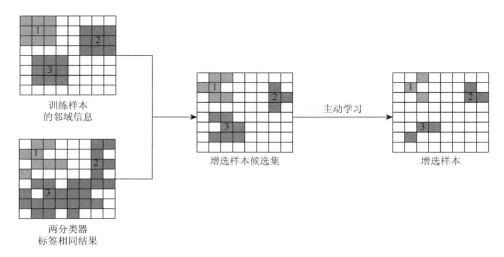

图 6-1　增选样本流程

于其中任意一分类器,综合考虑训练样本的空间邻域信息和另外两个分类器的标签相同的样本来构建候选样本集。首先,选择两个分类器的分类结果一致的样本构建第一候选集,因为相比于具有不同标签的未标记样本,具有相同标签的未标记样本具有更高的可靠性。然后,基于地学第一定律我们选择训练样本的 8 邻域样本并将训练样本的标签赋予这些样本,构建第二候选集。最后,综合分析第一候选集和第二候选集,选择其交集构建增选样本候选集。在候选集的构建过程中,我们综合光谱信息和空间信息进行选择,并在此过程中对增选样本的标签进行标定,使得其结果更加可靠。

6.1.2　主动学习

在协同训练的学习过程中,如何选择信息量大的未标记样本是一个关键问题。在增选样本的候选集中存在一些光谱信息相似的样本,这些样本的引入既不能提高算法的性能,也不能提高算法的运行效率。因此,我们利用主动学习方法从增选样本候选集中剔除这些样本。在该部分,BT(breaking ties)被用来选择信息量大的未标记样本。该算法的原理是比较样本后验概率的最大概率与次最大概率之间的差异来衡量样本的信息量。差异越小说明该样本的信息量越大,则该样本的标签不确定性越大,将其添加到到分类器中越有意义。

$$x_m'^{\mathrm{BT}} = \arg\min\left\{ \max_{k\in C} p(y_i = c \mid x_m') - \max_{c\in C\setminus\{c^+\}} p(y_m = c \mid x_m') \right\} \tag{6-1}$$

其中, $c^+ = \arg\max\limits_{c\in C} p(y_m = c \mid x_m')$ 是样本 x_m' 最可能归属的地物类别; $p(y_m = c \mid x_m')$ 是样本 x_m' 的类别为地物 c 时的概率值; C 是类别个数。

6.2　多尺度同质集成

多尺度同质集成用来对分类后的结果进行处理，消除分类图中存在的椒盐现象。S 表示初始分类结果，$\alpha, \beta, \gamma (\alpha < \beta < \gamma)$ 是同质区的窗口大小，$\theta_i' (i = 1, 2, 3)$ 是同质区的阈值，φ' 是同质区内具有同一标签的样本数量。多尺度同质集成的流程如下所示：

（1）在初始分类结果 S 上构建大小为 $\alpha \times \alpha$ 的同质区。如果 $\rho' \geqslant \theta_1'$，将同质区内的所有样本标记为同一标签；否则，保持同质区的样本标签不变。将处理后的分类图记为 S_1。

（2）在初始分类结果 S_1 上构建大小为 $\beta \times \beta$ 的同质区。如果 $\rho' \geqslant \theta_2'$，将同质区内的所有样本标记为同一标签；否则，保持同质区的样本标签不变。将处理后的分类图记为 S_2。

（3）在初始分类结果 S_2 上构建大小为 $\gamma \times \gamma$ 的同质区。如果 $\rho' \geqslant \theta_3'$，将同质区内的所有样本标记为同一标签；否则，保持同质区的样本标签不变。将经过同质处理的结果作为最后的分类结果输出。

6.3　算 法 流 程

$L = [(y_m, x_m), x_m \in R^d, m = 1, 2, \cdots, n]$ 为初始训练样本集，$U = [x_1', x_2', \cdots, x_u']$ 为未标记样本集，$h_i (i = 1, 2, 3)$ 为分类器，$S_i (i = 1, 2, 3)$ 为分类结果。

（1）利用训练样本 L 分别训练分类器 h_i，用训练所得的规则预测整个数据集，得到分类结果 S_i。

（2）对分类器 h_i 而言，对比剩余两个分类器 h_j 和 $h_k (i \neq j \neq k)$ 的分类结果，找到分类结果相同的样本构建增选样本第一候选集 S_u^1。

（3）对任意训练样本 $x_m \in L$，x_m 的 8 邻域样本的标签按照地学第一定律进行标定，用来构建增选样本第二候选集 S_u^2。

（4）综合分析第一候选集与第二候选集选择标签相同的 $(S_u = S_u^1 \bigcap S_u^2)$，构建增选样本集 S_u。

（5）利用 BT 算法从 S_u 中选择若干个信息量大的未标记样本 L_i'，并更新 L_i 和 U_i，$L_i = L_i \bigcup L_i', U_i = U_i - L_i'$。

（6）利用更新后的训练集 L_i 转到步骤（2），直到达到终止条件。

（7）利用投票法集成三个分类器的分类结果，并对其进行多尺度集成处理，获得最终的分类结果。

6.4　实验结果与分析

6.4.1　实验参数设计

在实验的过程中，相应的参数如下所列。

（1）分类器参数：KNN 分类器中邻域选择 $k=3$，RF 分类器中树的个数设置为默认参数 500，MLR 分类器的参数选择默认参数。

（2）多尺度同质区参数：$\alpha, \beta, \gamma, \theta_1', \theta_2', \theta_3'$ 分别为 2，3，4，3，5，9。

（3）初始训练样本：$L=5$、10、15，表示每类为 5、10、15 个样本。

（4）其他参数：在协同训练学习的过程中将每次增选的未标记样本个数设置为 100；所有实验结果都是重复实验 10 次取其平均值，TT 表示 tri-training 算法，TT_AL_MSH 表示本章提出的算法。

6.4.2　Indian Pines 数据实验

表 6-1 给出了 TT_MKR（MKR 表示由分类器 MLR、KNN、RF 组成的分类器组合）和 TT_AL_MSH_MKR 两种协同训练算法在不同初始训练样本条件下在 Indian Pines 数据的分类精度 OA 和 Kappa 系数的统计情况，图 6-2 绘出不同算法在协同训练过程中随着增选样本增加的总体精度趋势图，相应的最终分类结果图如图 6-3 所示。由此可得出以下结论：

表 6-1　Indian Pines 数据不同分类方法的精度统计表（最优精度用加粗字体表示）

method	Iteration		1	2	3	4	5	6	7	8	9	10
TT_AL_MSH_MKR	$L=5$	OA/%	64.41	69.54	72.66	74.27	75.34	76.49	77.02	77.71	78.04	**78.30**
		Kappa	0.6082	0.6625	0.6960	0.7135	0.7250	0.7375	0.7434	0.7510	0.7547	0.7575
	$L=10$	OA/%	71.60	77.07	80.03	80.79	81.56	82.30	83.04	83.44	83.99	**84.25**
		Kappa	0.6856	0.7438	0.7757	0.7841	0.7924	0.8006	0.8088	0.8133	0.8194	0.8223
	$L=15$	OA/%	77.80	80.52	81.98	83.62	84.52	85.52	86.03	86.57	87.13	**87.59**
		Kappa	0.7527	0.7821	0.7978	0.8159	0.8260	0.8369	0.8427	0.8486	0.8548	0.8600
TT_MKR	$L=5$	OA/%	48.47	53.95	56.91	58.43	59.61	60.55	61.16	61.46	61.89	62.24
		Kappa	0.4336	0.4904	0.5212	0.5379	0.5509	0.5609	0.5673	0.5705	0.5753	0.5787
	$L=10$	OA/%	56.21	58.86	60.83	62.60	63.77	64.93	65.82	66.34	66.42	67.00
		Kappa	0.5209	0.5482	0.5682	0.5865	0.5988	0.6111	0.6205	0.6262	0.6270	0.6333
	$L=15$	OA/%	57.83	67.33	69.71	70.70	71.50	72.99	75.55	76.23	76.60	76.95
		Kappa	0.5418	0.6391	0.6639	0.6740	0.6826	0.6987	0.7261	0.7333	0.7370	0.7410

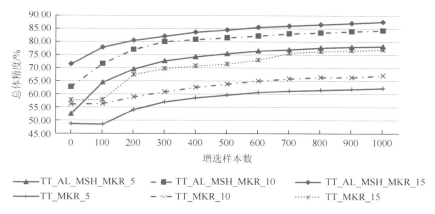

图 6-2　Indian Pines 数据不同算法精度变化趋势图

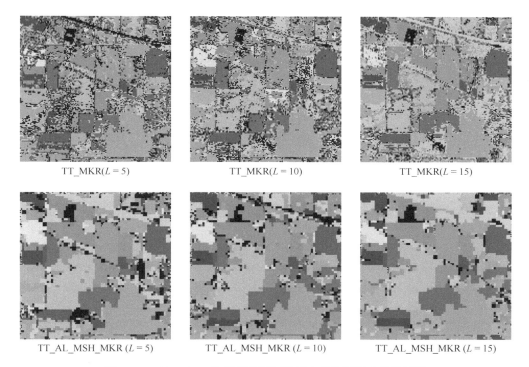

图 6-3　Indian Pines 数据在不同初始样本条件下的分类效果图

（1）随着迭代次数的增加，即未标记样本的不断加入，在不同的初始样本条件下两种算法的分类精度都在不断增长；当增选样本数达到 700 时，分类精度基本趋于稳定。

（2）纵观不同的初始训练样本条件下，本节提出的基于主动学习及同质集成的协同训练分类算法都优于传统的协同训练算法。在初始样本分别为 5、10、15 个条件下，分类精度分别提高了 16.06%、17.25%、10.64%；Kappa 系数分别提高了 0.1788、0.1890、0.1190。

6.4.3 Pavia University 数据实验

表 6-2 给出了 TT_MKR 和 TT_AL_MSH_MKR 两种协同训练算法在不同初始训练样本条件下在 Pavia University 数据的分类精度 OA 和 Kappa 系数的统计情况，图 6-4 绘出不同算法在协同训练过程中随着增选样本增加的总体精度趋势图，相应的最终分类结果图如图 6-5 所示。由此可得出以下结论：

表 6-2 Pavia University 数据不同分类方法的精度统计表（最优精度用加粗字体表示）

method \ Iteration			1	2	3	4	5	6	7	8	9	10
TT_AL_MSH_MKR	L=5	OA/%	77.11	79.57	80.71	82.23	82.61	83.19	83.53	83.62	83.79	**83.95**
		Kappa	0.7100	0.7422	0.7566	0.7744	0.7792	0.7864	0.7910	0.7922	0.7944	0.7964
	L=10	OA/%	82.63	84.36	85.27	85.98	86.62	86.86	86.86	87.17	87.27	**87.36**
		Kappa	0.7769	0.7997	0.8112	0.8203	0.8285	0.8314	0.8315	0.8354	0.8367	0.8378
	L=15	OA/%	86.55	88.48	89.76	90.77	91.19	90.91	91.07	91.08	91.19	**91.31**
		Kappa	0.8259	0.8505	0.8667	0.8799	0.8853	0.8817	0.8839	0.8841	0.8855	0.8871
TT_MKR	L=5	OA/%	63.09	66.94	67.12	65.75	66.44	66.82	66.48	67.51	67.92	67.72
		Kappa	0.5492	0.5873	0.5907	0.5775	0.5847	0.5880	0.5846	0.5969	0.6015	0.6001
	L=10	OA/%	65.46	67.97	68.60	69.70	70.44	72.73	72.73	73.27	73.67	73.34
		Kappa	0.5810	0.6079	0.6123	0.6248	0.6326	0.6591	0.6591	0.6651	0.6693	0.6653
	L=15	OA/%	70.83	73.44	75.39	76.47	76.64	78.24	79.17	79.40	80.29	80.58
		Kappa	0.6390	0.6670	0.6882	0.6998	0.7000	0.7182	0.7299	0.7327	0.7433	0.7469

（1）随着迭代次数的增加，即未标记样本的不断加入，在不同的初始样本条件下两种算法的分类精度都在不断增长；当增选样本数达到 800 时，分类精度基本趋于稳定。

（2）纵观不同的初始训练样本条件下，本节提出的基于主动学习及同质集成的协同训练分类算法优于传统的协同训练算法。在初始样本分别为 5、10、15 个条件下，TT_AL_MSH_MKR 比 TT_MKR 方法分类精度分别提高了 16.23%、14.02%、10.73%；Kappa 系数分别提高了 0.1963、0.1725、0.1402。

（3）随着初始训练样本个数的增加，两种分类算法的总体精度差异不断缩小，说明本节提出的算法在小样本的条件下，能更好地体现其优势。

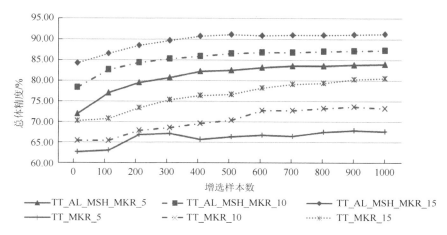

图 6-4 Pavia University 数据不同算法精度变化趋势图

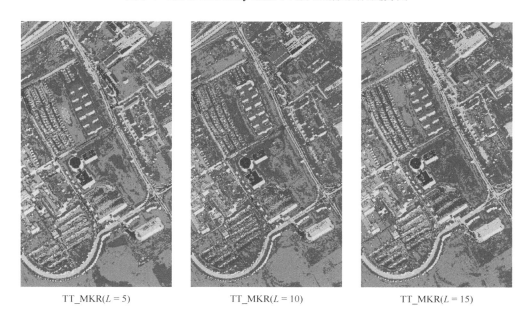

TT_MKR(*L* = 5)   TT_MKR(*L* = 10)   TT_MKR(*L* = 15)

TT_AL_MSH_MKR ($L = 5$)　　　　　TT_AL_MSH_MKR ($L = 10$)　　　　　TT_AL_MSH_MKR ($L = 15$)

图 6-5　Pavia University 数据在不同初始样本条件下的分类效果图（见彩插）

6.4.4　与相关方法的对比

　　TT_AL_MS_MKR、TT_AL_MSH_MKR 指分别利用 meanshift 密度分割及同质集成对分类后结果进行处理，与相关研究的算法进行对比分析。其中 meanshift 的分割底图为 PCA 变换后的前四个波段组成。为了进一步证明提出算法的有效性，选择了一些利用主动学习增选样本结合空间和光谱信息、进行半监督学习的相关算法进行比较。SS_LPSVM 是由 Wang 在 2014 年提出的，利用 Gabor 滤波器提取空间信息并结合光谱信息构建图进行样本增选，最后用 SVM 分类器进行分类；MLR+AL 是 2013 年由 Dopido 提出的，利用主动学习选择增选样本进行自训练；SC-S2C 是 2015 年由 Wang 提出的，利用空间信息和光谱信息构建特征集，结合主动学习对增选样本进行筛选，利用聚类对分类结果进行后处理，而 SC-SC 指的是只利用光谱信息进行半监督学习；MLR+KNN+SNI 是 2015 年由 Tan 提出的，利用主动学习选择增选样本，利用增选样本的空间邻域信息和 MLR、KNN 的分类结果对增选样本进行标签的确定来进行半监督训练。由表 6-3 可知，当初始训练样本为每类 5 个时，TT_AL_MSH_MKR 的分类性能要优于其他算法；同时由表 6-4 可知，TT_AL_MSH_MKR 的分类性能也要优于其他算法；并且在小样本问题分类中，我们提出的算法具有更大的优势。进一步对分类后处理方法的分析，由表 6-3 和 6-4 都可得到，TT_AL_MSH_MKR 算法是优于 TT_AL_MS_MKR，其中 TT_AL_MS_MKR 是目前对分类后处理最流行的方法。

表 6-3　Indian Pines 数据相关算法对比

Method	training samples		
	5	10	15
(1)SC-SC	68.79	72.84	73.11
(1)SC-S2C	68.32	75.43	77.63
(2)MLR+AL	75.00±1.28	80.04±1.28	81.00±1.28
(3)TSVM	62.57±0.23	63.45±0.17	65.42±0.02
(3)SS-LPSVM	69.60±2.30	75.88±0.22	80.67±1.21
(4)MLR+KNN+SNI	70.99	**86.01**	**90.44**
TT_AL_MS_MKR	73.50	79.57	81.80
TT_AL_MSH_MKR	**78.30**	84.25	87.59

(1)Wang et al.，2015，(2)Dopido et al.，2013，(3)Wang et al.，2014b，(4)Tan et al.，2015a

表 6-4　Pavia University 数据相关算法对比

Method	training samples		
	5	10	15
(1)SC-SC	72.02	72.90	75.21
(1)SC-S2C	71.09	72.00	79.48
(2)MLR+AL	63.00±1.86	83.73±1.86	85.63±1.86
(3)TSVM	63.43±1.22	63.73±0.45	68.45±1.07
(3)SS-LPSVM	56.95±0.95	64.74±0.39	78.76±0.04
(4)MLR+KNN+SNI	76.46	85.47	88.08
TT_AL_MS_MKR	81.23	87.06	91.31
TT_AL_MSH_MKR	**83.95**	**87.36**	**91.31**

(1)Wang et al.，2015，(2)Dopido et al.，2013，(3)Wang et al.，2014b，(4)Tan et al.，2015a

6.4.5　同质区参数讨论

为了更好地说明算法的性能，本部分对同质集成的各尺度阈值进行详细分析和讨论。本算法依据地学定律将多尺度同质区的窗口大小设置为 2、3、4，考虑到多尺度同质集成的原理，参数 $\theta_1', \theta_2', \theta_3'$ 取值分别为 3、[5~8]和[9~15]。利用两组高光谱数据在初始样本为每类 5 个时分别进行实验。由表 6-5 和表 6-6 可知：在两组实验中都说明参数 θ_2'、θ_3' 分别为 5 和 9 时，分类效果最优，因此，在实验参数设计部分参数 θ_2'、θ_3' 被设置为 5 和 9。

表 6-5　Indian Pines 数据不同参数对比（%）

θ_2' ＼ θ_3'	9	10	11	12	13	14	15
5	**78.30**	78.22	77.84	78.06	77.96	77.53	77.61
6	77.59	77.75	77.25	76.23	75.18	75.83	75.34
7	77.55	77.17	76.97	76.49	76.13	75.09	75.44
8	77.89	76.81	76.41	75.54	75.12	74.51	73.75

表 6-6　Pavia University 数据不同参数对比（%）

θ_2' ＼ θ_3'	9	10	11	12	13	14	15
5	**83.95**	83.70	82.66	81.27	81.61	81.14	81.11
6	83.15	83.08	82.47	82.31	81.37	81.04	80.46
7	83.92	83.70	82.41	82.35	82.04	81.24	80.49
8	83.51	83.27	83.04	82.00	79.05	78.86	78.31

6.5　本　章　小　结

本章将目前流行的协同训练算法应用到高光谱遥感影像分类中，通过实验发现其存在的问题，并针对其不足，提出一种新的改进算法。该算法结合空间邻域信息与各分类器分类结果构建增选样本候选集并确定增选样本的标签，进而利用主动学习筛选信息量大的若干个样本添加到训练样本集中，最后利用多尺度同质集成对分类结果进行处理以获得最终的分类结果。通过 Indian Pines 和 Pavia University 两组高光谱影像的对比实验一致得出：相比于传统的协同训练算法和相关的基于空谱结合的半监督学习算法，基于主动学习及同质集成的协同训练算法可极大提高分类性能。

第 7 章　基于局部特征提取的协同训练高光谱影像分类

前面两章的内容更侧重于研究协同算法本身的不足和缺陷，并未考虑高光谱影像本身的特点。在只有少量训练样本的条件下，大量的光谱信息不但不会提高分类性能，反而会随着光谱维度的增加而降低分类性能。同时，高维数据的处理需要耗费大量的时间，并且光谱信息存在一定的冗余。因此有必要在影像分类前对数据进行降维，提取出对分类最有用的特征信息。特征信息的获取方法按训练样本是否参与划分为无监督降维和监督降维；按函数处理关系划分为线性降维和非线性降维。

7.1　特　征　提　取

参数说明：训练样本数据 $\{x_i\}_{i=1}^m \in R^n$，y_i 为对应的标签，记 $\boldsymbol{X} = [x_1, x_2, \cdots, x_m] \in R^{n \times m}$，$n$ 为原始数据的特征维度，m 为训练样本数据的像元个数；所有数据记为 $\{x_i'\}_{i=1}^l \in R^n$，l 为所有数据的像元个数。

7.1.1　主成分分析

主成分分析（principal component analysis，PCA）是一种应用度最高的无监督线性降维方法。以最大化原始数据的协方差矩阵为准则，利用原始数据线性组合获得若干维互不相关的特征向量。其目标函数如公式（7-1）：

$$J(v) = \underset{V^{\mathrm{T}} V = 1}{\arg\max} \, v^{\mathrm{T}} \boldsymbol{C} v \tag{7-1}$$

经 Lagrange 乘数法得：

$$\boldsymbol{C}v = \lambda v$$

其中，$\boldsymbol{C}$ 代表协方差矩阵，$\boldsymbol{C} = \dfrac{1}{l} \sum_{i=1}^{l} (x_i' - \mu)(x_i' - \mu)^{\mathrm{T}}$，$\mu$ 代表均值，$\mu = \dfrac{1}{l} \sum_{i=1}^{l} x_i'$。

7.1.2　局部 Fisher 判别分析

局部 Fisher 判别分析（local Fisher discriminant analysis，LFDA）是一种监督

降维方法，其首先定义训练样本的类内和类间矩阵，引入 Fisher 函数以最大化类间矩阵与类内矩阵的比值为准则，使得投影后的特征向量满足同类样本数据分布尽可能紧凑、异类样本数据分布尽可能离散。该方法的目标函数为：

$$J(v) = \arg\max \frac{\mathrm{tr}(\boldsymbol{V}^{\mathrm{T}} \boldsymbol{S}^b \boldsymbol{V})}{\mathrm{tr}(\boldsymbol{V}^{\mathrm{T}} \boldsymbol{S}^w \boldsymbol{V})} \qquad (7\text{-}2)$$

$$\begin{cases} \boldsymbol{S}^b = \dfrac{1}{2} \omega_{i,j}^b (x_i - x_j)(x_i - x_j)^{\mathrm{T}} \\ \boldsymbol{S}^w = \dfrac{1}{2} \omega_{i,j}^w (x_i - x_j)(x_i - x_j)^{\mathrm{T}} \end{cases} \qquad (7\text{-}3)$$

$$\omega_{i,j}^b = \begin{cases} A_{i,j}(1/m - 1/m_{y_i}), \text{if } y_i = y_j \\ 1/m, \text{if } y_i \neq y_j \end{cases} \qquad (7\text{-}4)$$

$$\omega_{i,j}^w = \begin{cases} A_{i,j}/m_{y_i}, \text{if } y_i = y_j \\ 1/m, \text{if } y_i \neq y_j \end{cases} \qquad (7\text{-}5)$$

$$A_{i,j} = \exp\left(-\frac{\| x_i - x_j \|^2}{\sigma_i \sigma_j}\right) \qquad (7\text{-}6)$$

$$\sigma_i = \| x_i - x_i^k \| \qquad (7\text{-}7)$$

式中，$A_{i,j}$ 表示两个样本点之间的亲密关系，$\boldsymbol{S}^b$ 和 $\boldsymbol{S}^w$ 是类间矩阵和类内矩阵，n_{y_i} 是训练样本中属于 y_i 类的个数。

经 Lagrange 乘数法得：$\boldsymbol{S}^b \boldsymbol{V} = \lambda \boldsymbol{S}^w \boldsymbol{V}$。

7.1.3　局部判别嵌入

局部判别嵌入（local discriminant embedding，LDE）是一种非线性监督降维方法，其首先定义训练样本的类内图和类间图，以最大化类间图并保持类内图内在邻域关系为准则，使得投影后的特征向量满足同类样本数据保持原有的局部近邻关系，异类样本数据分布尽可能离散。LDE 的目标函数为：

$$\begin{cases} J(V) = \arg\max \sum_{i,j} \| \boldsymbol{V}^{\mathrm{T}} x_i - \boldsymbol{V}^{\mathrm{T}} x_j \|^2 \omega_{i,j}' \\ \text{s.t.: } \sum_{i,j} \| \boldsymbol{V}^{\mathrm{T}} x_i - \boldsymbol{V}^{\mathrm{T}} x_j \|^2 \omega_{i,j} = 1 \end{cases} \qquad (7\text{-}8)$$

其中，ω', ω 分别是不同类别近邻样本点的权重矩阵和同类别近邻样本点的权重矩阵，其定义如下：

$$\boldsymbol{\omega}'_{i,j} = \begin{cases} \exp[-\|x_i - x_j\|^2 / t] & \text{if } x_i \in N(x_j) \text{ or } x_j \in N(x_i) \\ & \text{and } y_{x_i} \neq y_{x_j} \\ 0 & \text{otherwise} \end{cases} \tag{7-9}$$

$$\boldsymbol{\omega}_{i,j} = \begin{cases} \exp[-\|x_i - x_j\|^2 / t] & \text{if } x_i \in N(x_j) \text{ or } x_j \in N(x_i) \\ & \text{and } y_{x_i} = y_{x_j} \\ 0 & \text{otherwise} \end{cases} \tag{7-10}$$

其中，t 为常数参量，取值为各样本点之间的欧氏距离的平均值的平方，$N(x)$ 表示样本 x 的邻域。

公式（7-8）经转换可得：

$$J = \sum_{i,j} \mathrm{tr}\{\boldsymbol{V}^\mathrm{T}(x_i - x_j)(x_i - x_j)^\mathrm{T}\boldsymbol{V}\}\boldsymbol{\omega}'_{i,j} \tag{7-11}$$

经转化可得：

$$J = 2\mathrm{tr}\{\boldsymbol{V}^\mathrm{T}\boldsymbol{X}(\boldsymbol{D}'\boldsymbol{W}')\boldsymbol{X}^\mathrm{T}\boldsymbol{V}\} \tag{7-12}$$

则目标函数可写为：

$$\begin{cases} J(V) = 2\mathrm{tr}\{\boldsymbol{V}^\mathrm{T}\boldsymbol{X}(\boldsymbol{D}' - \boldsymbol{W}')\boldsymbol{X}^\mathrm{T}\boldsymbol{V}\} \\ \text{s.t.: } 2\mathrm{tr}\{\boldsymbol{V}^\mathrm{T}\boldsymbol{X}(\boldsymbol{D} - \boldsymbol{W})\boldsymbol{X}^\mathrm{T}\boldsymbol{V}\} = 1 \end{cases} \tag{7-13}$$

其中，$\boldsymbol{D}'$ 和 $\boldsymbol{D}$ 是对角矩阵，其对角元素为 $\boldsymbol{D}'_{i,i} = \sum_j \omega'_{i,j}$，$\boldsymbol{D}_{i,i} = \sum_j \omega_{i,j}$。

经 Lagrange 乘数法得：

$$\boldsymbol{X}(\boldsymbol{D}' - \boldsymbol{W}')\boldsymbol{X}^\mathrm{T}\boldsymbol{V} = \lambda\boldsymbol{X}(\boldsymbol{D} - \boldsymbol{W})\boldsymbol{X}^\mathrm{T}\boldsymbol{V} \tag{7-14}$$

7.1.4　正则化局部判别嵌入

LDE 和 LDFA 算法通过构建同类图和异类图挖掘训练样本数据的内在流形结构信息，进而推广至整组数据。这些算法虽然能够探测数据的内部结构并保持数据的判别结构，但是在训练样本很有限的条件下存在以下问题：由于样本的特征维度大于训练样本个数，在求解投影向量时会出现奇异值问题；局部差异信息无法保持而产生的过拟合问题等。因此，这里引入正则化局部判别嵌入（regularized local discriminant embedding）方法。该方法的核心思想就是加入正则约束项，来解决 LDE 存在的过拟合问题。该方法的目标函数由公式（7-8）演变而来：

$$\begin{cases} J(V) = \arg\max\left\{\alpha\dfrac{\displaystyle\sum_{i,j}\|\boldsymbol{V}^\mathrm{T}x_i - \boldsymbol{V}^\mathrm{T}x_j\|^2\boldsymbol{\omega}'_{i,j}}{\displaystyle\sum_{i,j}\|\boldsymbol{V}^\mathrm{T}x_i - \boldsymbol{V}^\mathrm{T}x_j\|^2\boldsymbol{\omega}_{i,j}} + (1-\alpha)R_{reg}f(x)\right\} \\ \text{s.t.: } \boldsymbol{V}\boldsymbol{V}^\mathrm{T} = 1 \end{cases} \tag{7-15}$$

$$R_{reg}f(x) = \frac{\sum\limits_{i,j}\|\boldsymbol{V}^{\mathrm{T}}x_i - \boldsymbol{V}^{\mathrm{T}}x_j\|^2}{\sum\limits_{i,j}\|\boldsymbol{V}^{\mathrm{T}}x_i - \boldsymbol{V}^{\mathrm{T}}x_j\|^2 \omega_{i,j}} \tag{7-16}$$

$$\begin{cases} J(\boldsymbol{V}) = \arg\max\{2\mathrm{tr}\alpha\{\boldsymbol{V}^{\mathrm{T}}\boldsymbol{X}(\boldsymbol{D}' - \boldsymbol{W}')\boldsymbol{X}^{\mathrm{T}}\boldsymbol{V}\} / 2\mathrm{tr}\{\boldsymbol{V}^{\mathrm{T}}\boldsymbol{X}(\boldsymbol{D} - \boldsymbol{W})\boldsymbol{X}^{\mathrm{T}}\boldsymbol{V}\} \\ \qquad + 2\mathrm{tr}(1 - \alpha)\{\boldsymbol{V}^{\mathrm{T}}\boldsymbol{X}\boldsymbol{X}^{\mathrm{T}}\boldsymbol{V}\} / 2\mathrm{tr}\{\boldsymbol{V}^{\mathrm{T}}\boldsymbol{X}(\boldsymbol{D} - \boldsymbol{W})\boldsymbol{X}^{\mathrm{T}}\boldsymbol{V}\}\} \\ \qquad\qquad\qquad \mathrm{s.t.:} \quad \boldsymbol{V}\boldsymbol{V}^{\mathrm{T}} = 1 \end{cases} \tag{7-17}$$

其中，$R_{reg}f(x)$ 是增加的正则约束项，$\boldsymbol{V}^{\mathrm{T}}\alpha\boldsymbol{X}\boldsymbol{X}^{\mathrm{T}}\boldsymbol{V}$ 用来保持方差最大，$\boldsymbol{V}^{\mathrm{T}}\alpha\boldsymbol{X}(\boldsymbol{D} - \boldsymbol{W})$ $\boldsymbol{X}^{\mathrm{T}}\boldsymbol{V}$ 用来保持类内关系，α 是正则化参数，取值为[0,1]。

经 Lagrange 乘数法得：

$$(\alpha\boldsymbol{X}(\boldsymbol{D}' - \boldsymbol{W}')\boldsymbol{X}^{\mathrm{T}} + (1 - \alpha)\boldsymbol{X}\boldsymbol{X}^{\mathrm{T}})\boldsymbol{V} = \lambda(\boldsymbol{X}(\boldsymbol{D} - \boldsymbol{W})\boldsymbol{X}^{\mathrm{T}})\boldsymbol{V} \tag{7-18}$$

7.2　结合局部特征的协同训练策略

算法流程如下：

（1）利用空间均值滤波方法对原始高光谱影像数据进行预处理，剔除数据中携带的噪声信息；

（2）将初始训练样本集 L 分别标记为三组训练子集 $L_i(i = 1,2,3)$；

（3）利用训练样本 L_i 结合局部特征提取算法提取特征向量，进而获取数据的局部特征信息 L_i'；

（4）分类器 h_i 分别用训练样本 L_i' 进行训练学习，将分类规则应用到整个数据集，得到分类结果 S_i；

（5）对分类器 h_i 而言，对比剩余两个分类器 h_j 和 $h_k(i \neq j \neq k)$ 的分类结果，找到分类结果相同的样本集 S_u；

（6）利用 BT 算法从 S_u 中选择若干个信息量大的未标记样本 L_i''，并更新 L_i 和 U_i，$L_i = L_i \bigcup L_i''$，$U_i = U_i - L_i'$；

（7）利用更新后的训练集 L_i 转到步骤（3），直到达到设定条件；

（8）结合投票法对三个分类器的分类结果 S_i 进行处理进而获得最后的预测结果。

7.3　实验结果与分析

实验参数设置：初始训练样本分别为每类 5 个，10 个及 15 个；在半监督分类的过程中将每次增选的未标记样本个数设置为 100；分类精度是将实验重复进行 10 次取其平均精度；三个分类器选择的是 MLR、KNN 及 RF。

7.3.1　Indian Pines 数据实验

7.3.1.1　数据预处理对比

表 7-1 给出了基于 RLDE 局部特征提取的协同训练算法在数据进行空间均值滤波处理和未进行空间均值滤波处理的两种情况下的分类结果。由图 7-1 和表 7-1 可得出以下结论：

（1）分类精度与未标记样本的增选数量呈正相关，并且分类精度的增加幅度不断变小，最后趋于 0；当迭代次数达到 7 时，即新加入的训练样本达到 600 个时，分类精度基本趋于稳定。

（2）经过空间均值滤波处理之后的分类精度较未经过空间均值滤波处理的分类精度在初始样本为 5、10、15 时，分别提高了 12.19%、11.39%、11.3%。

表 7-1　Indian Pines 数据不同处理方法的精度统计表（%）

		1	2	3	4	5	6	7	8	9	10
	5	43.11	61.59	69.31	73.88	77.58	79.93	81.91	83.29	84.86	86.15
No SMF	10	53.01	66.71	72.70	77.04	79.56	81.86	83.69	84.64	85.95	86.96
RLDE	15	60.57	69.52	74.92	78.21	80.91	82.56	83.94	85.44	86.45	87.35
	5	59.01	79.01	86.60	90.75	93.36	94.98	96.37	97.13	97.83	**98.34**
SMF	10	69.77	83.51	88.93	92.14	94.48	95.67	96.55	97.35	97.92	**98.35**
	15	76.54	86.00	90.96	93.47	95.23	96.21	97.14	97.79	98.30	**98.65**

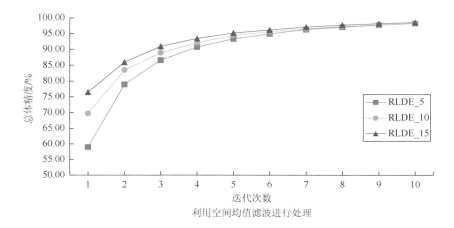

利用空间均值滤波进行处理

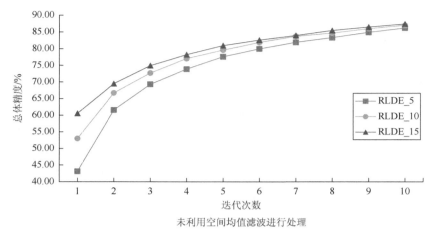

未利用空间均值滤波进行处理

图 7-1　Indian Pines 数据不同处理方法精度变化趋势图

7.3.1.2　最优特征数选择

图 7-2 给出不同特征提取方法在不同初始训练样本条件下获取的不同波段的 Indian Pines 数据分类精度。在本次实验中，我们将最大特征数设为 30，使特征数由 1 依次增加到 30。在初始训练样本数量不同条件下，四种特征提取方法对应的最优特征个数如表 7-2 所示。由表 7-2 及图 7-2 可得出以下结论：

（1）随着特征数的增加，四种特征提取方法的分类精度都呈现增长趋势；但当数量增加到一定数值时，分类精度会趋于稳定并有下降趋势。原因是，随着特征数的增加，特征中会出现一些无效信息和冗余信息，进而导致分类精度的下降。

（2）在每类初始样本数为 5 个的条件下，PCA、LDE、RLDE、LFDA 四种特征提取方法获得的最大分类精度分别为 64.29%、64.35%、66.54%、59.72%，其对应参与的特征信息维度分别为 19、20、12、30。RLDE 方法在精度上比 PCA、LDE、LFDA 分别提高了 2.25%、2.19%、6.82%，在维度上比 PCA、LDE、LFDA 减少了 7、8、18。在每类初始样本数为 10 个的条件下，PCA、LDE、RLDE、LFDA 四种特征提取方法获得的最大分类精度分别为 75.15%、75.16%、77.23%、59.48%，其对应参与的特征信息维度分别为 22、26、10、30。RLDE 方法在精度上比 PCA、LDE、LFDA 分别提高了 2.08%、2.07%、17.75%，在维度上比 PCA、LDE、LFDA 减少了 12、16、18。在每类初始样本数为 15 个的条件下，PCA、LDE、RLDE、LFDA 四种特征提取方法获得的最大分类精度分别为 78.38%、78.35%、81.20%、66.90%，其对应参与的特征信息维度分别为 22、30、11、24。RLDE 方法在精度上比 PCA、LDE、LFDA 分别提高了 2.82%、2.85%、14.30%，在维度上比 PCA、LDE、LFDA 减少了 11、19、13。

（3）在四种不同的特征提取方法中，RLDE 获取的分类精度最高，并且参与分类的特征维数最少。

表 7-2　不同特征提取方法在不同初始训练样本条件下的最优特征个数及分类精度（%）

特征提取方法 ＼ 训练样本数	$L=5$	$L=10$	$L=15$
PCA	64.29（19）	75.15（22）	78.38（22）
LDE	64.35（20）	75.16（26）	78.35（30）
RLDE	**66.54（12）**	**77.23（10）**	**81.20（11）**
LFDA	59.72（30）	59.48（30）	66.90（24）

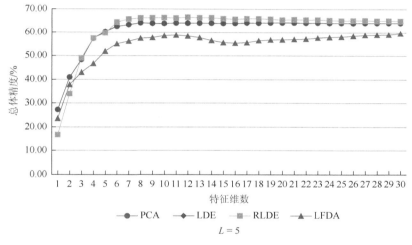

$L = 5$

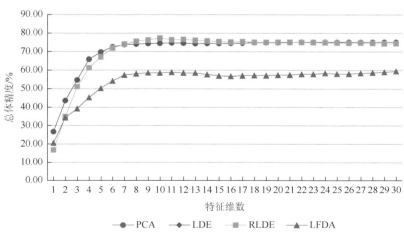

$L = 10$

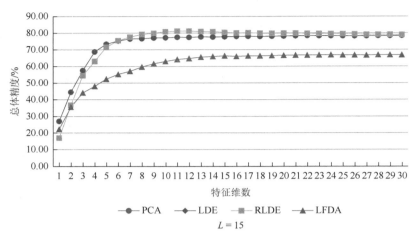

$L = 15$

图 7-2　不同特征提取方法在不同初始训练样本条件下获取的不同特征维数的 Indian Pines 数据
分类精度变化趋势图

7.3.1.3　不同特征提取方法对比

表 7-3 统计了 RLDE、LDE、PCA 及 LFDA 四种特征提取的协同训练算法在
Indian Pines 数据的分类精度。在实验设计中共分为三组不同初始训练样本实验，
分别是每类选择 5 个、10 个、15 个样本，在协同训练过程中每次从未标记样本中
选择信息量最大的前 100 个样本添加到训练样本集中。由图 7-3、图 7-4 和表 7-3
可得出以下结论：

表 7-3　基于不同的特征提取方法的协同训练分类精度统计表（%）

			1	2	3	4	5	6	7	8	9	10
$L=5$	PCA	OA	57.49	73.48	80.40	84.57	87.25	89.05	90.24	91.20	92.00	92.55
		Kappa	56.78	70.86	78.05	82.76	85.64	87.64	88.95	90.01	90.93	91.52
	LDE	OA	57.69	74.65	80.88	83.99	86.36	88.47	89.51	90.67	91.42	92.03
		Kappa	56.65	71.93	78.50	81.93	84.57	86.97	88.12	89.44	90.30	90.99
	RLDE	OA	56.86	74.96	85.29	88.82	92.14	94.56	95.99	97.19	98.16	**98.16**
		Kappa	52.78	71.87	83.37	87.34	91.07	93.81	95.44	96.80	97.90	97.90
	LFDA	OA	52.34	61.83	74.61	81.84	86.56	89.95	92.01	93.74	94.92	95.74
		Kappa	61.09	70.80	79.20	84.25	88.23	90.97	92.56	94.08	95.02	95.67
$L=10$	PCA	OA	67.93	79.27	84.16	86.94	88.61	90.15	91.07	92.10	92.65	93.06
		Kappa	66.79	77.06	82.34	85.49	87.22	88.96	89.92	91.06	91.65	92.11
	LDE	OA	67.93	78.95	84.48	87.06	89.22	90.46	91.37	92.04	92.54	93.09
		Kappa	67.32	77.15	82.80	85.48	87.89	89.28	90.30	91.01	91.58	92.18
	RLDE	OA	68.85	80.45	88.48	91.53	93.32	95.32	96.96	97.54	98.26	**98.84**
		Kappa	65.59	78.11	86.95	90.41	92.42	94.67	96.53	97.20	98.02	98.68
	LFDA	OA	57.09	70.36	79.51	85.31	88.42	91.00	93.07	94.16	95.28	96.06
		Kappa	69.07	75.21	82.21	87.06	89.50	91.70	93.53	94.32	95.25	96.00

续表

			1	2	3	4	5	6	7	8	9	10
	PCA	OA	73.57	81.33	85.20	87.37	89.21	90.78	91.59	92.16	92.90	93.31
		Kappa	71.82	79.14	83.29	85.66	87.75	89.54	90.44	91.07	91.89	92.37
	LDE	OA	73.43	81.61	85.83	88.15	89.97	91.43	92.36	93.03	93.48	94.01
		Kappa	72.68	79.82	84.21	86.70	88.66	90.29	91.32	92.07	92.59	93.21
$L=15$	RLDE	OA	71.89	82.96	89.29	92.57	94.77	96.34	97.28	98.08	98.63	**98.98**
		Kappa	68.92	80.82	87.88	91.57	94.05	95.83	96.90	97.82	98.44	98.84
	LFDA	OA	62.32	76.62	83.36	87.31	90.11	92.17	93.62	94.85	95.74	96.50
		Kappa	68.91	80.68	85.36	88.31	90.62	92.39	93.62	94.80	95.60	96.36

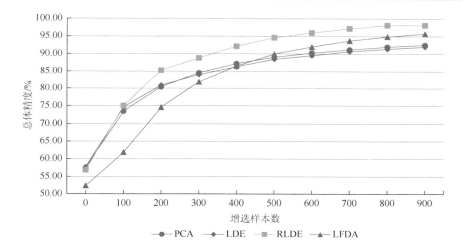

$L = 5$

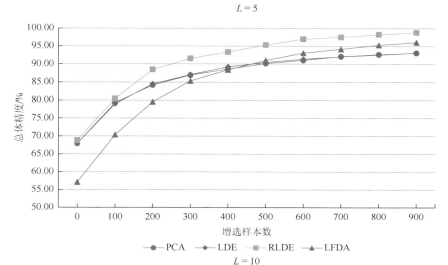

$L = 10$

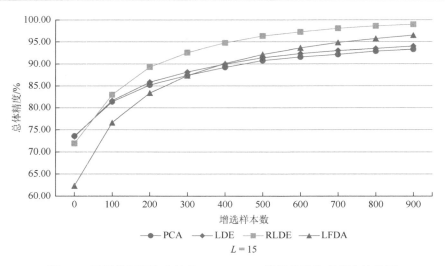

图 7-3 不同特征提取方法的 Indian Pines 数据分类精度变化趋势图

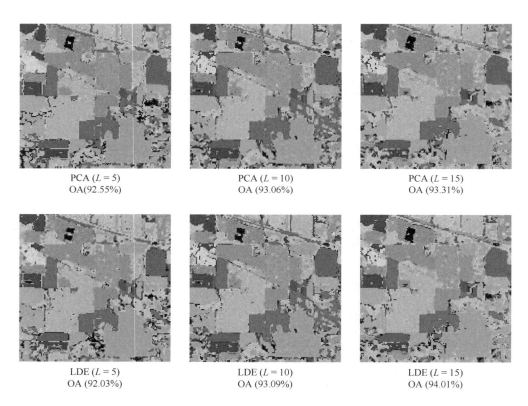

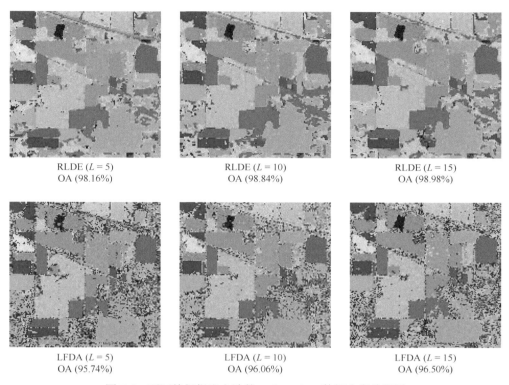

RLDE (L = 5)　　　　　　　　RLDE (L = 10)　　　　　　　RLDE (L = 15)
OA (98.16%)　　　　　　　　OA (98.84%)　　　　　　　　OA (98.98%)

LFDA (L = 5)　　　　　　　　LFDA (L = 10)　　　　　　　LFDA (L = 15)
OA (95.74%)　　　　　　　　OA (96.06%)　　　　　　　　OA (96.50%)

图 7-4　不同特征提取方法的 Indian Pines 数据分类效果图

（1）随着迭代次数的增加，即未标记样本的不断加入，在不同的特征提取方法下分类精度都在不断增长；当增选样本数量达到 700 时，分类精度基本趋于稳定。

（2）随着初始样本数量的不断增选，不同的特征提取方法在初始样本数量下，精度有明显提高；但当增选样本数量达到 900 左右时，分类精度跟初始样本的数量则无明显的关系。如在 LDE 局部特征提取方法下，在初始样本分别为 5 个、10 个及 15 个的条件下，分类精度分别为 92.03%、93.09%、94.01%，这说明在提出的算法中，增选样本的选择及其标签的确定都是相当可靠的，也说明算法的鲁棒性比较好。

（3）纵观不同的初始训练样本条件下，本章提出的基于 RLDE 局部特征提取的协同训练分类算法都优于其他三种特征提取方法。在初始样本分别为 5 个条件下，分类精度分别比 PCA、LDE、LFDA 提高了 5.61%、6.13%、2.42%；在初始样本分别为 10 个条件下，分类精度分别比 PCA、LDE、LFDA 提高了 5.78%、5.75%、2.78%；在初始样本分别为 15 个条件下，分类精度分别比 PCA、LDE、LFDA 提高了 5.67%、4.97%、2.48%。并且基于 RLDE 局部特征提取的分类算法的总体精度可达到 98.98%，说明本章提出的基于 RLDE 局部特征提取的协同训练分类算法是优于其他方法的。

7.3.2　Pavia University 数据实验

7.3.2.1　数据预处理对比

表 7-4 给出了基于 RLDE 局部特征提取的协同训练算法在数据进行空间均值滤波处理和未进行空间均值滤波处理的两种情况下的分类结果。由图 7-5 和表 7-4 可得出以下结论：

表 7-4　Pavia University 数据不同处理方法的精度统计表（%）

			1	2	3	4	5	6	7	8	9	10
RLDE	No SMF	5	62.45	79.98	84.83	86.53	87.51	88.43	89.10	89.78	90.19	90.58
		10	69.83	83.35	86.68	88.72	89.61	90.36	90.87	91.27	91.63	91.94
		15	75.36	84.35	87.65	88.88	89.86	90.54	90.88	91.38	91.70	92.05
	SMF	5	71.70	89.71	93.24	95.21	96.43	96.92	97.36	97.75	97.96	**98.14**
		10	80.11	92.52	94.33	95.91	96.73	97.27	97.63	97.96	98.29	**98.39**
		15	85.94	93.41	95.63	96.69	97.23	97.68	97.97	98.26	98.49	**98.62**

（1）分类精度与未标记样本的增选数量呈正相关，并且分类精度的增加幅度不断变小，最后趋于 0；当迭代次数达到 7 时，即新加入的训练样本达到 600 个时，分类精度基本趋于稳定。

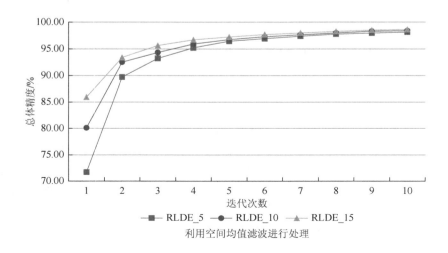

利用空间均值滤波进行处理

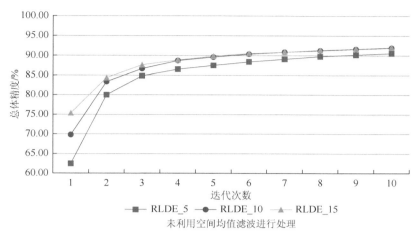

图 7-5　Pavia University 数据不同处理方法精度变化趋势图

（2）经过空间均值滤波处理之后的分类精度较未经过空间均值滤波处理的分类精度在初始样本为 5、10、15 时，分别提高了 7.56%，6.45%，6.57%。

7.3.2.2　最优特征数选择

图 7-6 给出不同特征提取方法在不同初始训练样本条件下获取的不同波段的 Pavia University 数据分类精度。在本次实验中，我们将最大特征数设为 30，使特征数由 1 依次增加到 30。在初始训练样本数量不同条件下，四种特征提取方法对应的最优特征个数如表 7-5 所示。由表 7-5 及图 7-6 可得出以下结论：

（1）随着特征数的增加，四种特征提取方法的分类精度都呈现增长趋势；但当数量增加到一定数值时，分类精度会趋于稳定并有下降趋势。原因是，随着特征数的增加，特征中会出现一些无效信息和冗余信息，进而导致分类精度的下降。

（2）在每类初始样本数为 5 个的条件下，PCA、LDE、RLDE、LFDA 四种特征提取方法获得的最大分类精度分别为 70.16%、70.20%、72.76%、71.09%，其对应参与的特征信息维度分别为 21、21、8、24，RLDE 方法在精度上比 PCA、LDE、LFDA 分别提高了 2.6%、2.56%、1.67%，在维度上比 PCA、LDE、LFDA 减少了 13、13、16。在每类初始样本数为 10 个的条件下，PCA、LDE、RLDE、LFDA 四种特征提取方法获得的最大分类精度分别为 78.06%、77.93%、80.95%、76.43%，其对应参与的特征信息维度分别为 24、24、11、28，RLDE 方法在精度上比 PCA、LDE、LFDA 分别提高了 2.89%、3.02%、4.52%，在维度上比 PCA、LDE、LFDA 减少了 13、13、17。在每类初始样本数为 15 个的条件下，PCA、LDE、RLDE、LFDA 四种特征提取方法获得的最大分类精度分别为 82.73%、82.61%、86.62%、82.50%，其对应参与的特征信息维度分别为 24、24、12、8，RLDE 方法在精度上比 PCA、LDE、LFDA 分别提高了 3.89%、4.01%、4.12%，在维度上比 PCA、LDE 减少了 12、12。

（3）在四种不同的特征提取方法中，RLDE 可获取最高的分类精度，并且所需的特征维数较少。

表 7-5　不同特征提取方法在不同初始训练样本条件下的最优特征个数及分类精度（%）

特征提取方法 ＼ 训练样本数	L=5	L=10	L=15
PCA	70.16(21)	78.06(24)	82.73(24)
LDE	70.20(21)	77.93(24)	82.61(24)
RLDE	**72.76(8)**	**80.95(11)**	**86.62(12)**
LFDA	71.09(24)	76.43(28)	82.50(8)

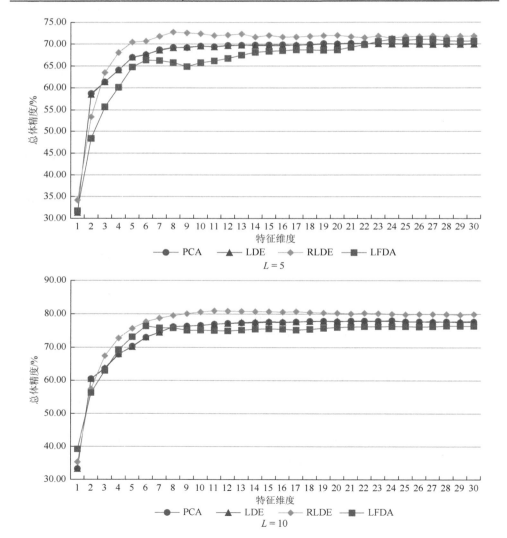

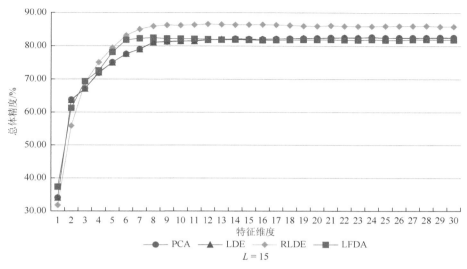

图 7-6　不同特征提取方法在不同初始训练样本条件下获取的不同波段的 Pavia University 数据
分类精度变化趋势图

7.3.2.3　不同特征提取方法对比

表 7-6 统计了 RLDE、LDE、PCA 及 LFDA 四种特征提取的协同训练算法在 Pavia University 数据的分类精度。在实验设计中共分为三组不同初始训练样本实验，分别是每类选择 5 个、10 个、15 个样本，在协同训练过程中每次从未标记样本中选择信息量最大的前 100 个样本添加到训练样本集中。由图 7-7、图 7-8 和表 7-6 可得出以下结论：

表 7-6　基于不同的特征提取方法的协同训练分类精度统计表（%）

			1	2	3	4	5	6	7	8	9	10
L=5	PCA	OA	70.00	83.97	89.45	92.21	94.00	94.71	95.21	95.89	96.14	96.23
		Kappa	61.64	78.14	85.42	89.24	91.71	92.71	93.39	94.33	94.68	94.80
	LDE	OA	70.15	83.80	89.63	92.29	93.72	94.56	95.37	95.92	96.26	96.16
		Kappa	62.78	78.42	86.14	89.67	91.61	92.75	93.82	94.56	95.02	94.89
	RLDE	OA	71.70	89.71	93.24	95.21	96.43	96.92	97.36	97.75	97.96	**98.14**
		Kappa	67.16	87.22	91.24	93.68	95.22	95.84	96.41	96.93	97.21	97.44
	LFDA	OA	68.54	85.61	90.40	92.30	93.70	94.33	94.88	95.31	95.60	95.90
		Kappa	65.16	81.62	87.14	89.53	91.40	92.22	92.99	93.57	93.97	94.36
L=10	PCA	OA	77.91	88.37	92.15	93.58	94.88	95.45	95.92	96.14	96.27	96.44
		Kappa	71.48	84.12	89.20	91.11	92.92	93.71	94.37	94.67	94.84	95.07
	LDE	OA	77.92	88.64	92.10	93.76	95.03	95.40	95.84	96.19	96.50	96.66
		Kappa	72.27	84.81	89.38	91.64	93.37	93.86	94.45	94.92	95.34	95.55
	RLDE	OA	80.11	92.52	94.33	95.91	96.73	97.27	97.63	97.96	98.29	**98.39**
		Kappa	76.45	90.38	92.53	94.51	95.58	96.30	96.78	97.21	97.66	97.80
	LFDA	OA	76.41	88.52	91.59	93.18	94.07	94.73	95.32	95.65	95.98	96.33
		Kappa	73.85	86.09	89.41	91.24	92.24	93.02	93.76	94.17	94.57	95.04

续表

			1	2	3	4	5	6	7	8	9	10
L=15	PCA	OA	82.57	90.13	92.46	93.97	94.96	95.56	95.77	96.23	96.52	96.66
		Kappa	77.10	86.45	89.58	91.66	93.03	93.87	94.16	94.80	95.20	95.39
	LDE	OA	82.54	89.98	92.71	94.20	95.02	95.58	95.81	96.21	96.45	96.66
		Kappa	77.72	86.66	90.24	92.24	93.35	94.10	94.41	94.95	95.28	95.55
	RLDE	OA	85.94	93.41	95.63	96.69	97.23	97.68	97.97	98.26	98.49	**98.62**
		Kappa	83.61	91.45	94.21	95.56	96.25	96.85	97.22	97.62	97.94	98.10
	LFDA	OA	81.94	90.59	92.99	94.12	94.82	95.38	95.75	96.09	96.30	96.54
		Kappa	79.61	87.84	90.56	92.01	92.97	93.70	94.20	94.64	94.92	95.26

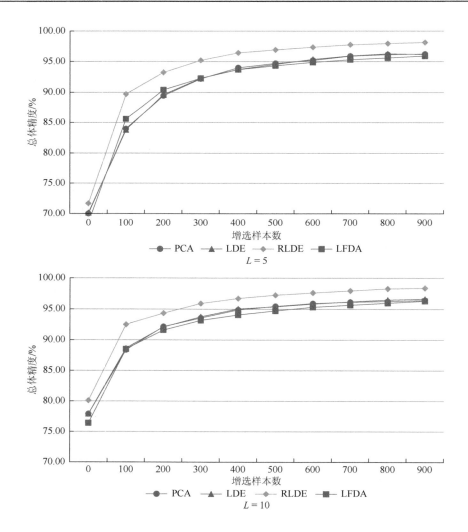

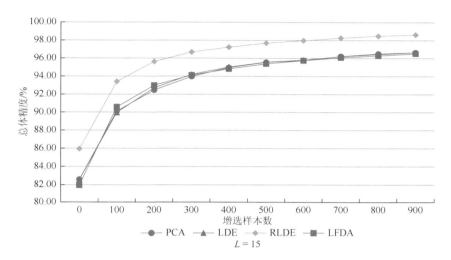

图 7-7　不同特征提取方法的 Pavia University 数据分类精度变化趋势图

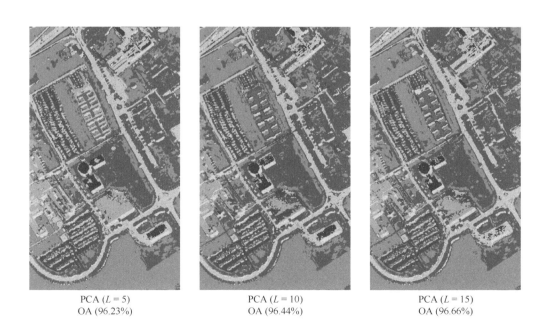

PCA (*L* = 5)　　　　　　　PCA (*L* = 10)　　　　　　　PCA (*L* = 15)
OA (96.23%)　　　　　　　OA (96.44%)　　　　　　　OA (96.66%)

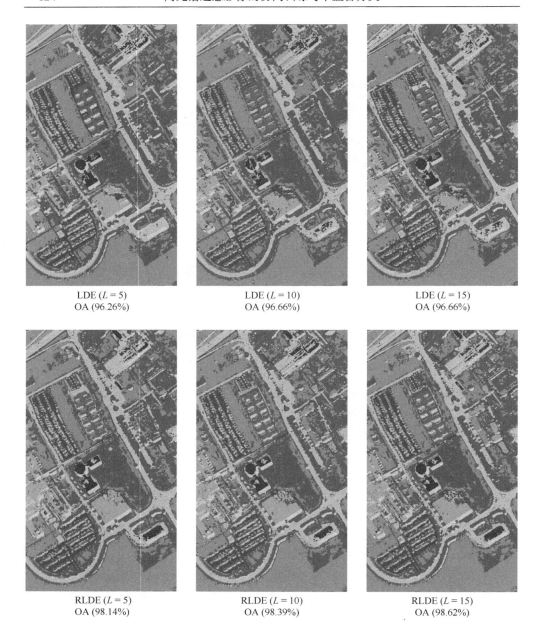

LDE (*L* = 5)　　　　　　　　LDE (*L* = 10)　　　　　　　　LDE (*L* = 15)
OA (96.26%)　　　　　　　　OA (96.66%)　　　　　　　　OA (96.66%)

RLDE (*L* = 5)　　　　　　　RLDE (*L* = 10)　　　　　　　RLDE (*L* = 15)
OA (98.14%)　　　　　　　　OA (98.39%)　　　　　　　　OA (98.62%)

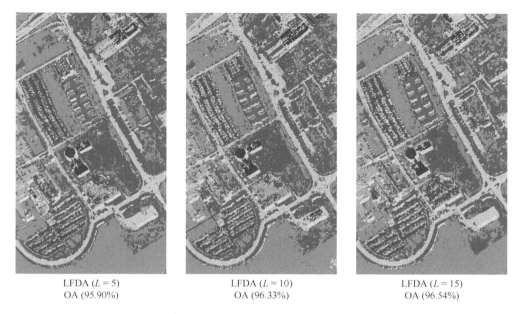

LFDA (L = 5)　　　　　　LFDA (L = 10)　　　　　　LFDA (L = 15)
OA (95.90%)　　　　　　 OA (96.33%)　　　　　　　OA (96.54%)

图 7-8　不同特征提取方法的 Pavia University 数据分类效果图

（1）随着迭代次数的增加，即未标记样本的不断加入，在不同的特征提取方法下分类精度都在不断增长；当增选样本数达到 700 时，分类精度基本趋于稳定。

（2）随着初始样本数量的不断增选，不同的特征提取方法在初始样本数量下，精度有明显提高；但当增选样本数量达到 900 左右时，分类精度跟初始样本的数量则无明显的关系。如在 LDE 局部特征提取方法下，在初始样本分别为 5 个、10 个及 15 个的条件下，分类精度分别为 96.16%、96.66%、96.66%，这说明在提出的算法中，增选样本的选择及其标签的确定都是相当可靠的，也说明算法的鲁棒性比较好。

（3）纵观不同的初始训练样本条件下，本章提出的基于 RLDE 局部特征提取的协同训练分类算法都优于其他三种特征提取方法。在初始样本分别为 5 个条件下，分类精度分别比 PCA、LDE、LFDA 提高了 1.91%、1.98%、2.24%；在初始样本分别为 10 个的条件下，分类精度分别比 PCA、LDE、LFDA 提高了 1.95%、1.73%、2.06%；在初始样本分别为 15 个条件下，分类精度分别比 PCA、LDE、LFDA 提高了 1.96%、1.96%、2.08%。并且基于 RLDE 局部特征提取的分类算法的总体精度可达到 98.62%，说明本章提出的基于 RLDE 局部特征提取的协同训练分类算法是优于其他方法的。

7.4　本　章　小　结

　　本章主要内容是利用训练样本提取数据的局部特征信息，使得异类样本在新的特征空间具有良好的分离性，并针对目前常用局部特征提取方法所存在的不足，提出一种新的局部特征提取方法。该方法可以保持数据的局部差异信息并避免过拟合问题的出现。通过在 Indian Pines 和 Pavia University 两组真实数据上进行实验，实验结果说明较其他几种特征提取方法，该方法可以从原始数据中提取出分离性最好的特征信息，并获得最好的分类性能。

第8章　基于协同训练的高光谱遥感影像分类系统

前文分析了协同训练及相应改进算法在高光谱遥感影像分类中的应用。为了更好地将算法投入实际应用，本章开发了一套基于协同训练的高光谱遥感影像分类系统，利用 MATLAB 的 GUI 应用程序的开发向导（guide 命令）构建界面框架，用 MATLAB 语言编程实现其各个功能。本章将简单介绍 MATLAB GUI 开发技术，然后对系统的功能进行介绍。

8.1　MATLAB GUI 开发技术

MATLAB 语言是数字图像处理领域最流行的语言之一，它是由 Mathworks 公司推出的一款集矩阵计算、信号处理及图形显示于一体的编程语言。图像中的每个像元对应的是 MATLAB 语言一个数组的一个元素，即一幅图像在该语言中将被看作矩阵进行运算，这正是 MATLAB 语言的优势所在。MATLAB 语言也提供友好的用户界面开发工具，即 MATLAB GUI 开发技术。GUI 开发主要包括两种方法：一种是使用 M 文件创建 GUI；另一种是使用面向对象的集成开发环境进行用户界面设计，其在设计理念类似于 C#语言。GUI 设计必须包含以下三要素：组件、图形窗口、回应。句柄图形的应用是 GUI 设计开发的核心。句柄图形由一组控制 MATLAB 图形生成的底层函数组成。在 GUI 开发设计中，每一个按钮、文本框、窗体等可视化对象都对应一个唯一的标识符，对其属性进行修改或者加入事件响应代码等都可以通过对句柄图形的操作来实现。图 8-1 给出了 GUI 对象层次结构，主要包括 uimenu、uicontrol、uicontextmenu 及 axes 等。

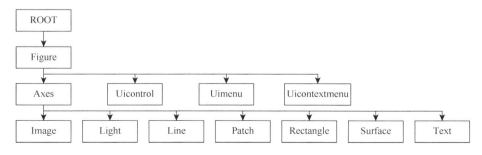

图 8-1　GUI 对象层次结构

8.2　系统主要功能

本系统主要包括以下几个功能（图 8-2）：

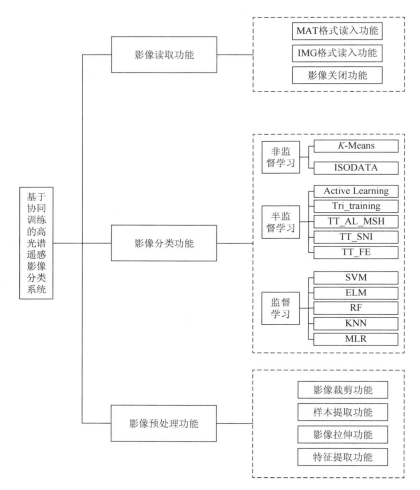

图 8-2　系统功能图

（1）读取图像类型与格式。系统可以读取 ENVI 标准格式和 MATLAB 标准格式数据，包括全色、多光谱及高光谱影像。

（2）影像预处理。对遥感影像进行一些基本预处理操作，比如：影像裁剪、训练样本提取、影像拉伸、字典构造、特征提取等。

（3）影像分类。影像分类功能按是否需要训练样本将其分为监督、非监督、半监督三类分类算法。其中，监督分类算法由极限学习机（ELM）、支持向量机（SVM）、多元逻辑回归（MLR）、随机森林（RF）、基于稀疏表示分类算法（SRC）及最邻近（KNN）构成；非监督分类算法由 K 均值聚类算法（K-Means）、迭代自组织聚类算法（ISODATA）两种组成；半监督分类算法主要包括主动学习（active learning）、协同训练（tri_traning）、基于空间邻域信息的协同训练算法（TT_SNI）、基于主动学习及同质集成的协同训练算法（TT_AL_MSH）、基于局部特征提取的协同训练算法（TT_FE）。此外还提供分类后精度评定功能。

图 8-2 是系统功能图，系统的运行过程中的部分可视化图形界面如图 8-3 至图 8-7 所示。

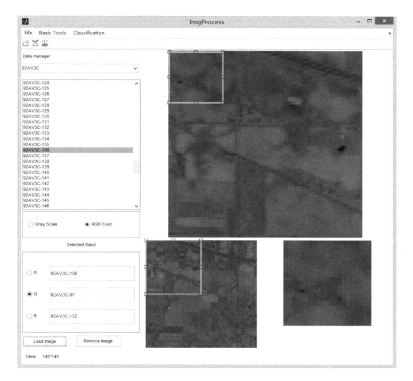

图 8-3　主界面

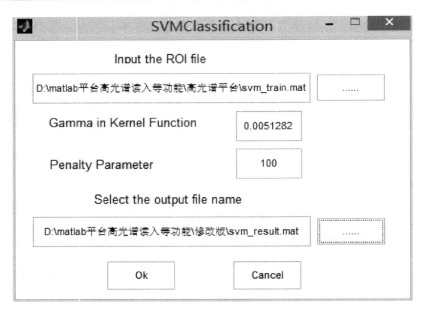

图 8-4　SVM 分类参数设置界面

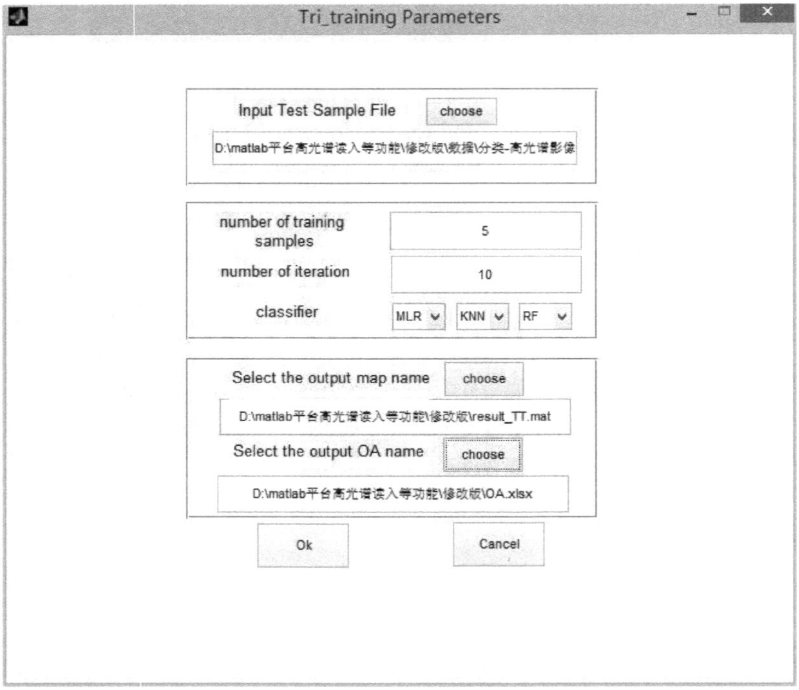

图 8-5　协同训练参数设置界面

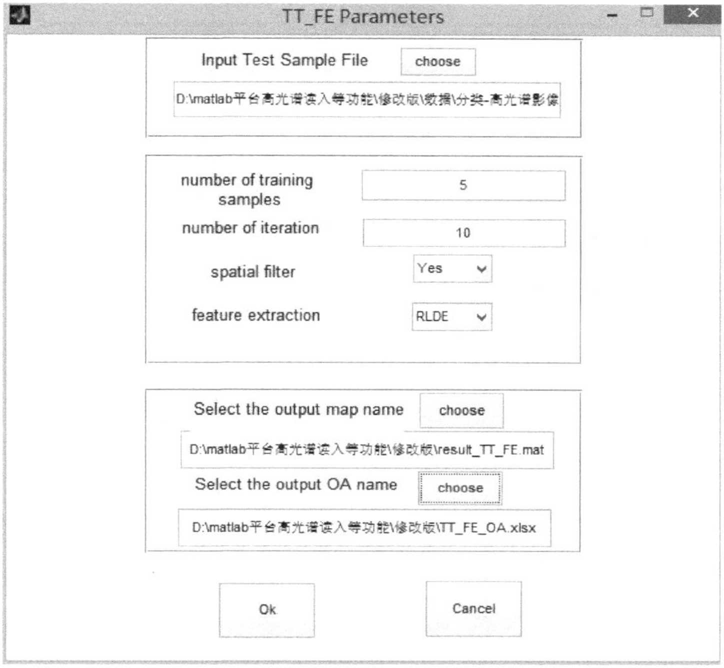

图 8-6　基于局部特征提取的协同训练算法参数设置界面

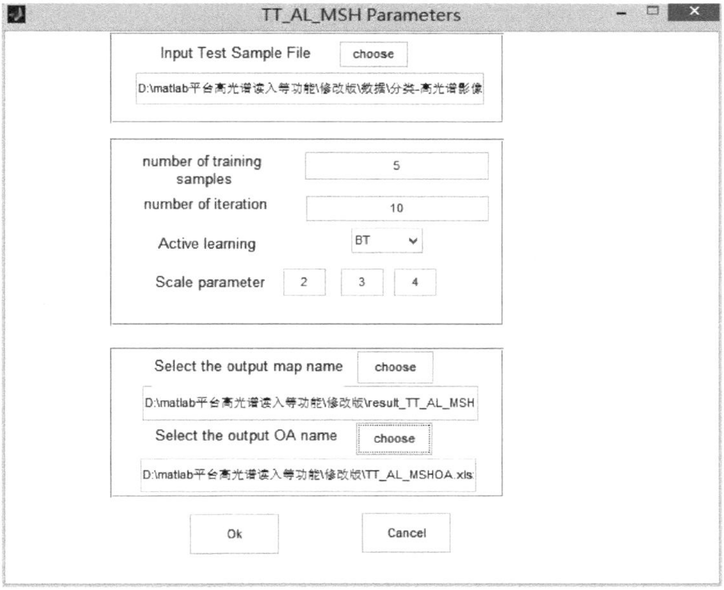

图 8-7　基于主动学习及同质集成的协同训练算法参数设置界面

8.3　本　章　小　结

　　本章开发了一套基于协同训练的高光谱遥感影像分类系统，该系统不仅包括了本书提出的相应算法，还涵盖了高光谱影像的一些基本处理方法，同时将目前影像分类的三种主流算法监督、非监督、半监督算法集成为一体。构建的图形界面降低了复杂算法的使用难度，易于算法的推广使用。

参 考 文 献

白晓平，邓正宏，王美靖. 2011. 基于协同训练和不变矩特征的人体行为分析. 西北工业大学学报，29：871-876.

包刚，包玉海，覃志豪，周义，黄明祥，张宏斌. 2013. 高光谱植被覆盖度遥感估算研究. 自然资源学报，28（7）：1243-1254.

边肇祺，张学工. 2000. 模式识别. 北京：清华大学出版社.

陈冰，张化祥. 2008. 集成学习的多分类器动态组合方法. 计算机工程，34：218-220.

陈进，王润生. 2006. 高斯最大似然分类在高光谱分类中的应用研究. 计算机应用，26：1876-1878.

陈平生. 2012. K-means 和 ISODATA 聚类算法的比较研究. 江西理工大学学报，33：78-82.

陈诗国，张道强. 2011. 半监督降维方法的实验比较. 软件学报，22：28-43.

陈思，苏松志，李绍滋，吕艳萍，曹冬林. 2014. 基于在线半监督 boosting 的协同训练目标跟踪算法. 电子与信息学报，888-895.

陈毅松，汪国平，董士海. 2003. 基于支持向量机的渐进直推式分类学习算法. 软件学报，14：451-460.

储鹏鹏. 2009. 基于小波变换的图像去噪方法研究. 西安：西安电子科技大学.

邓文胜，邵晓莉，刘海，万诰方，许亮. 2007. 基于证据理论的遥感图像分类方法探讨. 遥感学报，11：568-573.

杜培军. 2006. 遥感原理与应用. 徐州：中国矿业大学出版社.

费佩燕，刘曙光. 2001. 几种常见小波的应用性能分析. 中国电子学会第七届学术年会论文集.

高恒振. 2011. 高光谱遥感图像分类技术研究. 长沙：国防科学技术大学.

高爽，张化祥，房晓南. 2013. 基于独立成分分析和协同训练的垃圾网页检测. 山东大学学报：工学版，43：29-34.

何文勇. 2013. 基于光谱与纹理的高光谱影像半监督降维与融合研究. 上海：上海大学.

侯杰，茅耀斌，孙金生. 2014. 一种最大化样本可分性半监督 Boosting 算法. 南京理工大学学报（自然科学版），38.

侯锡铭，王伟杰，李飒. 1994. 多元统计中 Logistic 回归模型参数估计的一种方法及应用. 生物数学学报，（4）：219-224.

金大智，李刚，张华，朱文刚. 2013. 红外高光谱资料近地面通道应用技术研究：海洋地区观测资料同化试验. 气象，39：675-680.

琚春华，邹江波. 2015. 基于信息熵差异性度量的数据流增量集成分类算法. 电信科学，31：86-96.

康凯. 2015. 遥感技术在大气环境监测中的应用研究. 华东科技：学术版，8：30-30.

孔怡青. 2009. 半监督学习及其应用研究. 无锡：江南大学.

雷磊，塔西甫拉提·特依拜，丁建丽，江红南，张飞，姚远，阿尔达克·克里木. 2013. 基于 HJ-1A 高光谱影像的盐渍化土壤信息提取——以渭干河-库车河绿洲为例. 中国沙漠，33（4）：1104-1109.

李飞, 王从庆, 周鑫, 周大可. 2015. 基于在线多示例学习的协同训练目标跟踪算法. 吉林大学学报: 信息科学版, 33: 201-207.

李士进, 陶剑, 万定生, 冯钧. 2010. 多分类器实例协同训练遥感图像检索. 遥感学报, 14: 493-506.

李业刚, 黄河燕, 史树敏, 鉴萍, 苏超. 2015. 基于双语协同训练的最大名词短语识别研究. 软件学报, 1615-1625.

梁绍一, 韩德强, 韩崇昭. 2014. 一种基于几何关系的多分类器差异性度量及其在多分类器系统构造中的应用. 自动化学报, 449-458.

刘国英. 2010. 基于 Markov 随机场的小波域图像建模及分割. 北京: 科学出版社.

刘建平, 赵英时. 2001. 高光谱遥感数据最佳波段选择方法试验研究. 遥感信息, 7-13.

罗红霞, 阚应波, 王玲玲, 方纪华, 戴声佩. 2012. 基于高光谱遥感技术的农作物病虫害应用研究现状. 广东农业科学, 39: 76-80.

吕同富, 康兆敏, 方秀男. 2008. 数值计算方法. 北京: 清华大学出版社.

茆晓军, 王军锋, 刘兴钊. 2008. 基于梯度下降法的 ISAR 最小熵相位校正算法. 现代雷达.

孟海东, 郝永宽, 宋飞燕, 格日勒图. 2008. 遥感图像非监督计算机分类方法的研究. 计算机与现代化, 7: 66-69.

彭顺喜. 2007. 基于遥感图像的城市空间扩展监测. 长沙: 中南大学.

浦瑞良, 宫鹏. 2000. 高光谱遥感及其应用. 北京: 高等教育出版社.

宋宇, 张元平, 周海军. 2009. 基于小波变换的图像去噪中两个关键问题研究. 中国电子学会第十六届信息论学术年会论文集.

孙怀江, 胡钟山, 杨静宇. 2001. 基于证据理论的多分类器融合方法研究. 计算机学报, 24: 231-235.

孙立新, 高文. 2000. 基于粗糙集的遥感优化分类波段选择. 模式识别与人工智能, 13: 181-186.

唐超, 王文剑, 李伟, 李国斌, 曹峰. 2015. 基于多学习器协同训练模型的人体行为识别方法. 软件学报. 2939-2950.

童庆禧, 张兵, 郑兰芬. 2006. 高光谱遥感. 北京: 高等教育出版社.

万余庆, 张凤丽, 闫永忠. 2003. 高光谱遥感技术在水环境监测中的应用研究. 国土资源遥感, 3: 10-14.

汪雄良, 王正明. 2005. 基于快速基追踪算法的图像去噪. 计算机应用, 25: 2356-2358.

王建中, 张晖. 2001. 基于 Daubechies 小波和中值滤波的图像去噪法. 武汉工业大学学报, 23: 19-21.

王娇, 罗四维, 曾宪华. 2008. 基于随机子空间的半监督协同训练算法. 电子学报, 36: 60-65.

王晋年, 李志忠, 张立福, 童庆禧. 2012. "光谱地壳"计划—探索新一代矿产勘查技术. 地球信息科学学报, 14: 344-351.

王思恒. 2013. 高光谱遥感技术在农业中的应用现状及展望. 中国农业信息, 13: 203-204.

王维, 沈润平, 吉曹翔. 2011. 基于高光谱的土壤重金属铜的反演研究. 遥感技术与应用, 26: 348-354.

王旭红, 肖平, 郭建明. 2007. 高光谱数据降维技术研究. 水土保持通报, 26: 89-91.

魏峰, 何明一, 申志明, 李旭. 2014. 高光谱数据基于流形的半监督特征选择. 光子学报, 43: 630002.

文莉, 葛运建. 2002. 小波去噪的几种方法. 合肥工业大学学报: 自然科学版, 25: 167-172.

吴代晖, 范闻捷, 崔要奎, 闫彬彦, 徐希孺. 2010. 高光谱遥感监测土壤含水量研究进展. 光谱学与光谱分析, 30: 3067-3071.

吴勇. 2007. 基于小波的信号去噪方法研究. 武汉：武汉理工大学.

肖泉，丁兴号，王守觉，郭东辉，廖英豪. 2009. 基于自适应超完备稀疏表示的图像去噪方法. 仪器仪表学报，30：1886-1890.

解志刚，胡少兴，张爱武，孙卫东. 2014. 基于协同训练的低空运动平台动态人物阴影检测. 计算机辅助设计与图形学学报，26：903-913.

谢娟英，李楠，乔子芮. 2011. 基于邻域粗糙集的不完整决策系统特征选择算法. 南京大学学报：自然科学版，47：383-390.

谢娟英，谢维信. 2014. 基于特征子集区分度与支持向量机的特征选择算法. 计算机学报，37：1704-1718.

谢品华，刘文清，魏庆农. 2000. 大气环境污染气体的光谱遥感监测技术. 量子电子学报，17：385-394.

薛梅，郑全弟. 2010. 基于差异性度量的多分类器集成系统设计. 计算机工程与设计，31：5104-5107.

杨冰. 2008. 基于不同分类方法土地利用/覆盖分类精度分析. 乌鲁木齐：内蒙古农业大学.

杨国鹏，余旭初，冯伍法，刘伟，陈伟. 2008. 高光谱遥感技术的发展与应用现状. 测绘通报，（10）：1-4.

杨沛琦，刘志刚，倪卓娅，王冉，王庆山. 2013. 基于低空成像高光谱系统探测植被日光诱导叶绿素荧光. 光谱学与光谱分析，（11）：3101-3105.

杨燕杰，赵英俊. 2011. 高光谱在油气勘探中的国内外研究现状. 科学技术与工程，11：1290-1299.

杨艺，韩德强，韩崇昭. 2012. 一种基于证据距离的多分类器差异性度量. 航空学报，33：1093-1099.

杨哲海，李之歆，韩建峰，宫大鹏. 2004. 高光谱中的 Hughes 现象与低通滤波器的运用. 测绘学院学报，21：253-255.

姚俊峰，杨献勇，彭小奇，张田，郑顺斌. 2004. 基于混沌变量的变步长梯度下降优化算法. 清华大学学报：自然科学版，43：1676-1678.

尹学松，胡恩良，陈松灿. 2008. 基于成对约束的判别型半监督聚类分析. 软件学报，19：2791-2802.

袁征，李希灿，于涛，张广波. 2014. 高光谱土壤有机质估测模型对比研究. 测绘科学，39：117-120.

乐晓蓉，王正群，郭亚琴，侯艳平. 2007. 基于差异性度量的选择性神经网络集成. 扬州大学学报：自然科学版，10：47-49.

詹永照，陈亚必. 2009. 具有噪声过滤功能的协同训练半监督主动学习算法. 模式识别与人工智能，22：750-755.

张博锋，白冰，苏金树. 2007. 基于自训练 EM 算法的半监督文本分类. 国防科技大学学报，29：65-69.

张道强，陈松灿. 2009. 高维数据降维方法. 中国计算机学会通讯，5：15-22.

张丽新，王家，赵雁南，杨泽红. 2004. 基于 Relief 的组合式特征选择. 复旦学报：自然科学版，43：893-898.

张良培. 2011. 高光谱遥感. 北京：测绘出版社.

张晓阳，柴毅，李华锋. 2012. 基于 K-SVD 和残差比的低信噪比图像稀疏表示去噪算法. 光学技术，38：23-29.

张璇. 2014. 基于高光谱遥感的城市水网水体提取研究和实现. 济南：山东大学.

赵春晖，陈万海，杨雷. 2007. 高光谱遥感图像最优波段选择方法的研究进展与分析. 黑龙江大学自然科学学报，24：592-602.

赵亮. 2012. 信号稀疏表示理论及应用研究. 哈尔滨：哈尔滨工程大学.

赵少华，张峰，王桥，姚云军，王中挺，游代安. 2013. 高光谱遥感技术在国家环保领域中的应用. 光谱学与光谱分析，3343-3348.

赵英时. 2003. 遥感应用分析原理与方法. 北京：科学出版社.

郑建炜，王万良，蒋一波，陈伟杰. 2011. 概率型稀疏核 Logistic 多元分类机. 电子与信息学报，33：1632-1638.

周刚，张曼祺，李佳，章悦，郭凯，滕达. 2014. 基于 SVM 方法的航空高光谱赤潮信息提取与分析. 应用海洋学学报，33：440-446.

周广通，尹义龙，郭文鹃，任春晓. 2009. 基于协同训练的指纹图像分割算法. 山东大学学报：工学版.

周爽，张钧萍，苏宝库. 2008. 基于最速上升算法的超光谱图像波段选择搜索算法. 计算机应用研究，25：3501-3503.

Theodoridis S. 2006. 模式识别. 3 版. 北京：电子工业出版社.

Aharon M，Elad M，Bruckstein A. 2006. rmK-SVD：An Algorithm for Designing Overcomplete Dictionaries for Sparse Representation. IEEE Transactions on Signal Processing，54：4311-4322.

Amini S，Homayouni S，Safari A. 2014. Semi-supervised classification of hyperspectral image using random forest algorithm，Geoscience and Remote Sensing Symposium(IGARSS). 2014 IEEE International，2866-2869.

Angelosante D，Giannakis G B. 2009. RLS-weighted Lasso for adaptive estimation of sparse signals，Acoustics，Speech and Signal Processing. 2009. ICASSP 2009. IEEE International Conference on IEEE，3245-3248.

Böhning D. 1992. Multinomial logistic regression algorithm. Annals of the Institute of Statistical Mathematics，44：197-200.

Böhning D，Lindsay B G. 1988. Monotonicity of quadratic-approximation algorithms. Annals of the Institute of Statistical Mathematics，40：641-663.

Banfield R E，Hall L O，Bowyer K W，Kegelmeyer W P. 2005. Ensemble diversity measures and their application to thinning. Information Fusion，6：49-62.

Bar-Hillel A，Hertz T，Shental N，Weinshall D. 2005. Learning a mahalanobis metric from equivalence constraints. Journal of Machine Learning Research，6：937-965.

Baudat G，Anouar F. 2000. Generalized Discriminant Analysis Using a Kernel Approach. Neural Computation，12：2385-2404.

Bazi Y，Alajlan N，Melgani F，Alhichri H，Malek S，Yager R R. 2014. Differential Evolution Extreme Learning Machine for the Classification of Hyperspectral Images. IEEE Geoscience & Remote Sensing Letters，11.

Belkin M，Niyogi P. 2003. Laplacian Eigenmaps for Dimensionality Reduction and Data Representation. Neural Computation，15：1373-1396.

Belkin M，Niyogi P. 2004. Semi-Supervised Learning on Riemannian Manifolds. Machine Learning，56：209-239.

Ben-Dor E，Schläpfer D，Plaza A J，Malthus T. 2012. Hyperspectral Remote Sensing. Remote Sensing of Coastal Aquatic Environment：181-204.

Benediktsson J A，Sveinsson J R. 2000. Consensus Based Classification of Multisource Remote

Sensing Data. Proceedings of the First International Workshop on Multiple Classifier Systems, 280-289.

Benediktsson J A, Swain P H. 1992. Consensus theoretic classification methods. IEEE Transactions on Systems Man & Cybernetics, 22: 688-704.

Bennett K P, Demiriz A. 1999. Semi-supervised support vector machines. Conference on Advances in Neural Information Processing Systems II, 368-374.

Blum A, Chawla S. 2001. Learning from Labeled and Unlabeled Data using Graph Mincuts. Eighteenth International Conference on Machine Learning, 19-26.

Blum A, Mitchell T. 1998. Combining labeled and unlabeled data with co-training. Proceedings of the eleventh annual conference on Computational learning theory, 92-100.

Borges J S, Marcal A, Bioucas-Dias J M. 2007. Evaluation of Bayesian hyperspectral image segmentation with a discriminative class learning. Geoscience and Remote Sensing Symposium. 2007. IGARSS 2007. IEEE International. IEEE, 3810-3813.

Brown G, Wyatt J, Harris R, Yao X. 2005. Diversity creation methods: a survey and categorisation. Information Fusion 6: 5-20.

Cai D, He X, Han J. 2007. Isometric projection. 2006-2747.

Cai Y H, Cheng X. 2009. Biomedical Named Entity Recognition with Tri-Training Learning, Biomedical Engineering and Informatics. 2009. BMEI '09 2nd International Conference on, 1-5.

Camps-Valls G, Bruzzone L. 2005. Kernel-based methods for hyperspectral image classification. IEEE Transactions on Geoscience and Remote Sensing, 43: 1351-1362.

Camps-Valls G, Marsheva T V B, Zhou D. 2007. Semi-Supervised Graph-Based Hyperspectral Image Classification. IEEE Transactions on Geoscience & Remote Sensing, 45: 3044-3054.

Cevikalp H, Verbeek J, Jurie F, Klaser A. 2008. Semi-supervised dimensionality reduction using pairwise equivalence constraints. 3rd International Conference on Computer Vision Theory and Applications (VISAPP'08), 489-496.

Chapelle O, Schlkopf B, Zien A. 2006. Semi-Supervised Learning. NY: Springer.

Chen H T, Chang H W, Liu T L. 2005. Local Discriminant Embedding and Its Variants. IEEE Computer Society Conference on Computer Vision & Pattern Recognition, 846-853.

Chen Y, Nasrabadi N M, Tran T D. 2011a. Hyperspectral image classification using dictionary-based sparse representation. IEEE Transactions on Geoscience and Remote Sensing, 49: 3973-3985.

Chen Y, Nasrabadi N M, Tran T D. 2011b. Sparse representation for target detection in hyperspectral imagery. Selected Topics in Signal Processing, IEEE Journal, 5: 629-640.

Cheng B, Yang J, Yan S, Fu Y, Huang T S. 2010. Learning with-graph for image analysis. IEEE Transactions on Image Processing, 19: 858-866.

Chi M, Bruzzone L. 2007. Semisupervised Classification of Hyperspectral Images by SVMs Optimized in the Primal. IEEE Transactions on Geoscience & Remote Sensing, 45: 1870-1880.

Collobert R, Sinz F, Weston J, Bottou L, Joachims T. 2006. Large Scale Transductive SVMs. Journal of Machine Learning Research, 7: 2006.

Dópido I, Li J, Marpu P R, Plaza A, Bioucas-Dias J M, Benediktsson J A. 2013. Semi-supervised self-learning for hyperspectral image classification. IEEE Trans. Geosci. Remote Sens, 51: 4032-4044.

Dalla Mura M，Villa A，Benediktsson J A，Chanussot J，Bruzzone L. 2011. Classification of hyperspectral images by using extended morphological attribute profiles and independent component analysis. Geoscience and Remote Sensing Letters，IEEE，8：542-546.

Demir B，Erturk S. 2007. Hyperspectral image classification using relevance vector machines. Geoscience and Remote Sensing Letters，IEEE，4：586-590.

Dietterich T G. 2000. An experimental comparison of three methods for constructing ensembles of decision trees：Bagging，boosting，and randomization. Machine Learning，40：139-157.

Dolocmihu A. 2007. Three-way aspect model（TWAPM）and co-training for image retrieval. Proceedings of SPIE-The International Society for Optical Engineering，6570.

Donoho D L. 2006. Compressed sensing. IEEE Transactions on Information Theory，52：1289-1306.

Dopido I，Li J，Marpu P R，Plaza A，Bioucas Dias J M，Benediktsson J A. 2013. Semisupervised Self-Learning for Hyperspectral Image Classification. IEEE Transactions on Geoscience & Remote Sensing，51：4032-4044.

Druck G，Pal C，Mccallum A，Zhu X. 2007. Semi-supervised classification with hybrid generative/ discriminative methods，ACM SIGKDD International Conference on Knowledge Discovery and Data Mining，280-289.

Du Q. 2007. Modified Fisher's Linear Discriminant Analysis for Hyperspectral Imagery. IEEE Geoscience & Remote Sensing Letters，4：503-507.

Duda R O，Hart P E，Duda R O，Hart P E. 1973. Pattern classification and scene analysis. Lien Kanade Cohn & LI.

Figueiredo M A，Nowak R D，Wright S J. 2007. Gradient projection for sparse reconstruction：Application to compressed sensing and other inverse problems. IEEE Journal of Selected Topics in Signal Processing，1：586-597.

Freund Y. 1995. Boosting a Weak Learning Algorithm by Majority. IEEE Trans. on Acoustics Speech & Signal Processing 121：256-285.

Friedman J，Hastie T，Tibshirani R. 2010. Regularization paths for generalized linear models via coordinate descent. Journal of Statistical Software，33：1.

Friedman J H. 1989. Regularized Discriminant Analysis. Journal of the American Statistical Association，84：165-175.

Fu Z，Robles-Kelly A. 2008. Fast multiple instance learning via L 1，2 logistic regression. Pattern Recognition. 2008. ICPR 2008：19th International Conference on. IEEE，1-4.

Fujino A，Ueda N，Saito K. 2008. Semisupervised Learning for a Hybrid Generative/Discriminative Classifier based on the Maximum Entropy Principle. IEEE Transactions on Pattern Analysis & Machine Intelligence，30：424-437.

Fung G，Mangasarian O L. 2001. Semi-superyised support vector machines for unlabeled data classification. Optimization Methods & Software，15：29-44.

Gal-Or M，May J H，Spangler W E. 2005. Assessing the predictive accuracy of diversity measures with domain-dependent，asymmetric misclassification costs. Information Fusion，6：37-48.

Giacinto G，Roli F. 1999. Methods for dynamic classifier selection. Proceedings of International Conference on Image Analysis and Processing，659-664.

Gold C，Sollich P. 2003. Model selection for support vector machine classification. Neurocomputing，

55: 221-249.

Goldman S A, Zhou Y. 2000. Enhancing Supervised Learning with Unlabeled Data, Proceedings of the Seventeenth International Conference on Machine Learning, 327-334.

Guo Y, Hastie T, Tibshirani R. 2007. Regularized linear discriminant analysis and its application in microarrays. Biostatistics, 8: 86-100.

He X, Cai D, Yan S, Zhang H J. 2005. Neighborhood Preserving Embedding. Tenth IEEE International Conference on Computer Vision, 1208-1213.

Hermes L, Buhmann J M. 2000. Feature selection for support vector machines. 15th International Conference on Pattern Recognition, 712-715.

Howland P, Wang J, Park H. 2006. Solving the small sample size problem in face recognition using generalized discriminant analysis. Pattern Recognition, 39: 277-287.

Huang G B, Zhu Q Y, Siew C K. 2006. Extreme learning machine: Theory and applications. Neurocomputing, 70: 489-501.

Huang H, Luo F, Ma Z, Liu Z. 2015. Sparse discriminant learning with ℓ 1-graph for hyperspectral remote-sensing image classification. International Journal of Remote Sensing, 36: 1307-1328.

Huang J T, Hasegawa-Johnson M. 2009. On semi-supervised learning of Gaussian mixture models for phonetic classification. NAACL Hlt 2009 Workshop on Semi-Supervised Learning for Natural Language Processing, 75-83.

Huang R, He W. 2012. Using tri-training to exploit spectral and spatial information for hyperspectral data classification. 2012 International Conference on Computer Vision in Remote Sensing (CVRS), 30-33.

Ji S, Watson L T, Carin L. 2009. Semisupervised Learning of Hidden Markov Models via a Homotopy Method. IEEE Computer Society.

Joachims, Thorsten. 2002. Learning to Classify Text Using Support Vector Machines: Methods, Theory and Algorithms. Kluwer International, 29: 655-661.

Joachims T. 2003. Transductive learning via spectral graph partitioning. Twentieth International Conference on International Conference on Machine Learning, 290-297.

Jolliffe I. 2005. Principal Component Analysis. NY: Wiley Online Library.

Karsmakers P, Pelckmans K, Suykens J A. 2007. Multi-class kernel logistic regression: a fixed-size implementation, Neural Networks. 2007. IJCNN 2007. International Joint Conference on. IEEE, 1756-1761.

Krishnapuram B, Carin L, Figueiredo M A, Hartemink A J. 2005. Sparse multinomial logistic regression: Fast algorithms and generalization bounds. IEEE Transactions on Pattern Analysis and Machine Intelligence, 27: 957-968.

Krishnapuram B, Williams D, Xue Y, Carin L, Figueiredo M, Hartemink A J. 2004. On semi-supervised classification. Advances in Neural Information Processing Systems, 721-728.

Kumar U, Raja S K, Mukhopadhyay C, Ramachandra T. 2011. Hybrid Bayesian Classifier for Improved Classification Accuracy. Geoscience and Remote Sensing Letters, IEEE, 8: 474-477.

Kun T, Pei-Jun D. 2008. Hyperspectral remote sensing image classification based on Support Vector Machine. Journal of Infrared and Millimeter Waves, 27: 123-128.

Kuncheva L I. 2005. Diversity in multiple classifier systems. Information Fusion, 6: 3-4.

Kuo B C，Landgrebe D A. 2002. A robust classification procedure based on mixture classifiers and nonparametric weighted feature extraction. IEEE Transactions on Geoscience and Remote Sensing，40：2486-2494.

Lafferty J，Wasserman L. 2007. Statistical analysis of semi-supervised regression. Advances in Neural Information Processing Systems，801-808.

Lasserre J A，Bishop C M，Minka T P. 2006. Principled Hybrids of Generative and Discriminative Models. 2006 IEEE Computer Society Conference on Computer Vision and Pattern Recognition，87-94.

Li J，Bioucas-Dias J M，Plaza A. 2010a. Semisupervised hyperspectral image segmentation using multinomial logistic regression with active learning. IEEE Transactions on Geoscience and Remote Sensing，48：4085-4098.

Li J，Bioucas-Dias J M，Plaza A. 2010b. Semisupervised Hyperspectral Image Segmentation Using Multinomial Logistic Regression With Active Learning. IEEE Transactions on Geoscience & Remote Sensing，48：4085-4098.

Li J，Bioucas-Dias J M，Plaza A. 2012a. Spectral-Spatial Hyperspectral Image Segmentation Using Subspace Multinomial Logistic Regression and Markov Random Fields. IEEE Transactions on Geoscience & Remote Sensing，50：809-823.

Li J，Bioucas-Dias J M，Plaza A. 2012b. Spectral-spatial hyperspectral image segmentation using subspace multinomial logistic regression and Markov random fields. IEEE Transactions on Geoscience and Remote Sensing，50：809-823.

Li J，Bioucas-Dias J M，Plaza A. 2013. Semisupervised hyperspectral image classification using soft sparse multinomial logistic regression. Geoscience and Remote Sensing Letters，IEEE，10：318-322.

Li J，Zhang W，Li K. 2010c. A Novel Semi-supervised SVM Based on Tri-training for Intrusition Detection. Journal of Computers，5：638.

Li L，Mao T，Huang D. 2005. Extracting location names from Chinese texts based on SVM and KNN. IEEE NLP-KE'05. Proceedings of 2005 IEEE International Conference on Natural Language Processing and Knowledge Engineering. IEEE，371-375.

Li W，Tramel E W，Prasad S，Fowler J E. 2014. Nearest regularized subspace for hyperspectral classification. IEEE Transactions on Geoscience and Remote Sensing，52：477-489.

Li X R，Jiang T，Zhang K. 2006. Efficient and robust feature extraction by maximum margin criterion. IEEE Transactions on Neural Networks，17：157-165.

Liao W，Pizurica A，Scheunders P，Philips W，Pi Y. 2013. Semisupervised local discriminant analysis for feature extraction in hyperspectral images. IEEE Transactions on Geoscience and Remote Sensing，51：184-198.

Liu H H，Zhou C H. 2012. Semi-supervised Laplacian Eigenmap. Computer Engineering and Design，33：601-606.

Liu H，Han H，Li Z. 2011. A New Co-training Approach Based on SVM for Image Retrieval. Berlin Heidelberg: Springer.

Luo T，Kramer K，Samson S，Remsen A，Goldgof D，Hall L，Hopkins T. 2004. Active learning to recognize multiple types of plankton. ICPR 2004. Proceedings of the 17th International

Conference on Pattern Recognition. IEEE，478-481.

Ly N H，Du Q，Fowler J E. 2014. Sparse Graph-Based Discriminant Analysis for Hyperspectral Imagery. IEEE Transaction on Geoscience and Remote Sensing，52（7）：3872-3884.

Ma X，Wang H，Wang J. 2016. Semisupervised classification for hyperspectral image based on multi-decision labeling and deep feature learning. Isprs Journal of Photogrammetry & Remote Sensing，120：99-107.

MacKay D. 1992. Information-based objective functions for active data selection. Neural Computation，4：590-604.

Mairal J，Elad M，Sapiro G. 2008. Sparse representation for color image restoration. IEEE Transactions on Image Processing，17：53-69.

Melville P，Mooney R J. 2005. Creating diversity in ensembles using artificial data. Information Fusion，6：99-111.

Minka T P. 2003. A comparison of numerical optimizers for logistic regression. Unpublished Draft.

Nigam K，Ghani R. 2002. Analyzing the effectiveness and applicability of co-training. Cikm，33：86-93.

Pal M. 2005. Random forest classifier for remote sensing classification. International Journal of Remote Sensing，26：217-222.

Pati Y C，Rezaiifar R，Krishnaprasad P. 1993. Orthogonal matching pursuit：Recursive function approximation with applications to wavelet decomposition. 1993 Conference Record of The Twenty-Seventh Asilomar Conference on Signals，Systems and Computers. IEEE，40-44.

Patra S，Bruzzone L. 2011. A fast cluster-assumption based active-learning technique for classification of remote sensing images. IEEE Transactions on Geoscience and Remote Sensing，49：1617-1626.

Plaza A，Benediktsson J A，Boardman J W，Brazile J，Bruzzone L，Camps-Valls G，Chanussot J，Fauvel M，Gamba P，Gualtieri A. 2009. Recent advances in techniques for hyperspectral image processing. Remote Sensing of Environment，113：S110-S122.

Qiao L，Chen S，Tan X. 2010. Sparsity preserving projections with applications to face recognition. Pattern Recognition 43：331-341.

Qin A K，Shi S YM，Suganthan P N，Loog M. 2005. Enhanced direct linear discriminant analysis for feature extraction on high dimensional data. National Conference on Artificial Intelligence，851-855.

Ratle F，Camps-Valls G，Weston J. 2010. Semisupervised Neural Networks for Efficient Hyperspectral Image Classification. IEEE Transactions on Geoscience & Remote Sensing，48：2271-2282.

Roweis S T，Saul L K. 2000. Nonlinear Dimensionality Reduction by Locally Linear Embedding. Science，290：2323.

Ruta D，Gabrys B. 2005. Classifier selection for majority voting. Information Fusion，6：63-81.

Schölkopf B，Smola A J. 2002. Learning with Kernels：Support Vector Machines，Regularization，Optimization，and Beyond. MA：MIT Press.

Scholkopft B，Mullert K R. 1999. Fisher discriminant analysis with kernels. Neural Networks for Signal Processing IX.

Scudder III H. 1965. Probability of error of some adaptive pattern-recognition machines. IEEE Transactions on Information Theory，11：363-371.

Serpico S B，Bruzzone L. 2001. A new search algorithm for feature selection in hyperspectral remote sensing images. IEEE Transactions on Geoscience and Remote Sensing，39：1360-1367.

Shahshahani B M，Landgrebe D A. 1994a. The effect of unlabeled samples in reducing the small sample size problem and mitigating the Hughes phenomenon. IEEE Transactions on Geoscience and Remote Sensing，32：1087-1095.

Shahshahani B M，Landgrebe D A. 1994b. The effect of unlabeled samples in reducing the small sample size problem and mitigating the Hughes phenomenon. IEEE Transactions on Geoscience & Remote Sensing，32：1087-1095.

Shao Z，Zhang L. 2014. Sparse dimensionality reduction of hyperspectral image based on semi-supervised local Fisher discriminant analysis. International Journal of Applied Earth Observation and Geoinformation，31：122-129.

Shental N，Hertz T，Weinshall D，Pavel M. 2002. Adjustment learning and relevant component analysis，Computer Vision—ECCV 2002. NY：Springer，776-790.

Smits P C. 2002. Multiple classifier systems for supervised remote sensing image classification based on dynamic classifier selection. IEEE Transactions on Geoscience & Remote Sensing，40：801-813.

Song Y，Nie F，Zhang C，Xiang S. 2008. A unified framework for semi-supervised dimensionality reduction. Pattern Recognition，41：2789-2799.

Sugiyama M. 2006. Local fisher discriminant analysis for supervised dimensionality reduction. Proceedings of the 23rd international conference on Machine learning. ACM，905-912.

Sugiyama M. 2010. Local fisher discriminant analysis for supervised dimensionality reduction. International Conference，35-61.

Sugiyama M，Idé T，Nakajima S，Sese J. 2010. Semi-supervised local Fisher discriminant analysis for dimensionality reduction. Machine Learning，78：35-61.

Tan K，Hu J，Li J，Du P. 2015a. A novel semi-supervised hyperspectral image classification approach based on spatial neighborhood information and classifier combination. Isprs Journal of Photogrammetry & Remote Sensing，105：19-29.

Tan K，Li E，Du Q，Du P. 2014. An efficient semi-supervised classification approach for hyperspectral imagery. Isprs Journal of Photogrammetry & Remote Sensing，97：36-45.

Tan K，Du P J. 2008. Hyperspectral remote sensing image classification based on support vector machine. Journal of Infrared & Millimeter Waves，27：123-128.

Tan K，Zhou S，Du Q. 2015b. Semisupervised Discriminant Analysis for Hyperspectral Imagery With Block-Sparse Graph. IEEE Geoscience & Remote Sensing Letters，12：1-5.

Tenenbaum J B，De S V，Langford J C. 2000. A global geometric framework for nonlinear dimensionality reduction. Science，290：2319.

Tipping M E，Bishop C M. 1999. Probabilistic principal component analysis. Journal of the Royal Statistical Society：Series B（Statistical Methodology），61：611-622.

Tuia D，Ratle F，Pacifici F，Kanevski M F，Emery W J. 2009a. Active Learning Methods for Remote Sensing Image Classification. IEEE Transactions on Geoscience & Remote Sensing，48：2218-2232.

Tuia D，Ratle F，Pacifici F，Kanevski M F，Emery W J. 2009b. Active learning methods for remote sensing image classification. IEEE Transactions on Geoscience and Remote Sensing，47：

2218-2232.

Tuia D，Volpi M，Copa L，Kanevski M，Munoz-Mari J. 2011. A survey of active learning algorithms for supervised remote sensing image classification. IEEE Journal of Selected Topics in Signal Processing，5：606-617.

Vapnik V N. 2003. Statistical Learning Theory. Annals of the Institute of Statistical Mathematics，55：371-389.

Velasco-Forero S，Manian V. 2009. Improving Hyperspectral Image Classification Using Spatial Preprocessing. IEEE Geoscience & Remote Sensing Letters，6：297-301.

Wang H，Lu X，Hu Z，Zheng W. 2014a. Fisher discriminant analysis with L1-norm. IEEE Transactions on Cybernetics，44（6）：828-842.

Wang L，Hao S，Wang Q，Wang Y. 2014b. Semi-supervised classification for hyperspectral imagery based on spatial-spectral Label Propagation. Isprs Journal of Photogrammetry & Remote Sensing，97：123-137.

Wang L，Hao S，Wang Y，Lin Y，Wang Q. 2014c. Spatial-Spectral Information-Based Semisupervised Classification Algorithm for Hyperspectral Imagery.

Wang L，Yang Y，Liu D. 2015. Semisupervised classification for hyperspectral image based on spatial-spectral clustering. Journal of Applied Remote Sensing，9.

Wang Y，Chen S，Zhou Z H. 2012. New semi-supervised classification method based on modified cluster assumption. IEEE Transactions on Neural Networks and Learning Systems，23：689-702.

Wei J，Peng H. 2008. Neighbourhood preserving based semi-supervised dimensionality reduction. Electronics Letters，44：1190-1192.

Welling M. 2005. Fisher linear discriminant analysis. Department of Computer Science，University of Toronto，3.

Windeatt T. 2005. Diversity measures for multiple classifier system analysis and design. Information Fusion，6：21-36.

Wright J，Yang A Y，Ganesh A，Sastry S S，Ma Y. 2009. Robust face recognition via sparse representation. IEEE Transactions on Pattern Analysis and Machine Intelligence，31：210-227.

Wu W，Massart D L，Jong S D. 1997a. Kernel-PCA algorithms for wide data Part II: Fast cross-validation and application in classification of NIR data. Chemometrics & Intelligent Laboratory Systems，37：271-280.

Wu W，Massart D L，Jong S D. 1997b. The kernel PCA algorithms for wide data. Part I: Theory and algorithms. Chemometrics & Intelligent Laboratory Systems，36：165-172.

Xu L，Krzyzak A，Suen C Y. 1992. Methods of combining multiple classifiers and their applications tohandwriting recognition. IEEE Transactions on Systems Man & Cybernetics Part B，22：418-435.

Yan S，Xu D，Zhang B，Zhang H J，Yang Q，Lin S. 2007. Graph Embedding and Extensions：A General Framework for Dimensionality Reduction. IEEE Transactions on Pattern Analysis & Machine Intelligence，29：40-51.

Yang B，Li S. 2012. Pixel-level image fusion with simultaneous orthogonal matching pursuit. Information Fusion，13：10-19.

Yang L，Yang S，Jin P，Zhang R. 2013. Semi-Supervised Hyperspectral Image Classification Using

Spatio-Spectral Laplacian Support Vector Machine. IEEE Geoscience & Remote Sensing Letters，11：651-655.

Yang X，Fu H，Zha H，Barlow J. 2006. Semi-supervised nonlinear dimensionality reduction. Proceedings of the 23rd International Conference on Machine Learning. ACM，1065-1072.

Yu J，Tian Q. 2006. Learning image manifolds by semantic subspace projection. Proceedings of the 14th Annual ACM International Conference on Multimedia. ACM，297-306.

Yuan P，Chen Y，Jin H，Huang L. 2008. MSVM-kNN：Combining SVM and k-NN for Multi-class Text Classification. WSCS'08. IEEE International Workshop on Semantic Computing and Systems. IEEE，133-140.

Zhang D，Zhou Z H，Chen S. 2007. Semi-Supervised Dimensionality Reduction，SDM. SIAM，629-634.

Zhang T，Oles F. 2000. The value of unlabeled data for classification problems//Langley P. Proceedings of the Seventeenth International Conference on Machine Learning. Citeseer，1191-1198.

Zhong P，Wang R. 2008. Learning sparse CRFs for feature selection and classification of hyperspectral imagery. IEEE Transactions on Geoscience and Remote Sensing，46：4186-4197.

Zhou D，Bousquet O，Lal T N，Weston J. 2003. Learning with local and global consistency. International Conference on Neural Information Processing Systems，321-328.

Zhou Y，Goldman S. 2004. Democratic co-learning. 16th IEEE International Conference on Tools with Artificial Intelligence. ICTAI 2004：594-202.

Zhou Z H，Li M. 2005. Tri-Training：Exploiting Unlabeled Data Using Three Classifiers. IEEE Transactions on Knowledge & Data Engineering，17：1529-1541.

Zhou Z H，Li M. 2007. Semisupervised Regression with Cotraining-Style Algorithms. IEEE Transactions on Knowledge & Data Engineering，19：1479-1493.

Zhu X. 2003. Semi-supervised learning using Gaussian fields and harmonic functions. Proc Icml，912-919.

Zhu X，Goldberg A B. 2009. Introduction to semi-supervised learning. Synthesis Lectures on Artificial Intelligence and Machine Learning，3：1-130.

彩　　插

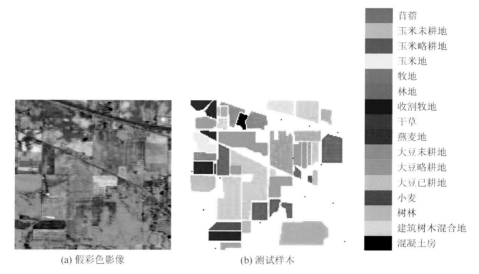

	苜蓿
	玉米未耕地
	玉米略耕地
	玉米地
	牧地
	林地
	收割牧地
	干草
	燕麦地
	大豆未耕地
	大豆略耕地
	大豆已耕地
	小麦
	树林
	建筑树木混合地
	混凝土房

(a) 假彩色影像　　(b) 测试样本

图 1-3　AVIRIS 数据假彩色影像和测试样本

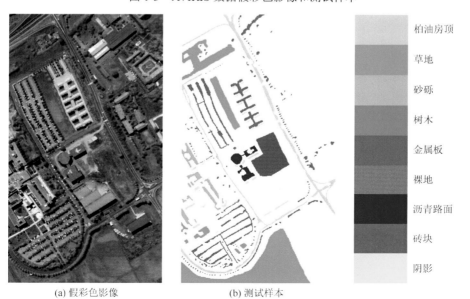

	柏油房顶
	草地
	砂砾
	树木
	金属板
	裸地
	沥青路面
	砖块
	阴影

(a) 假彩色影像　　(b) 测试样本

图 1-4　Pavia University 数据

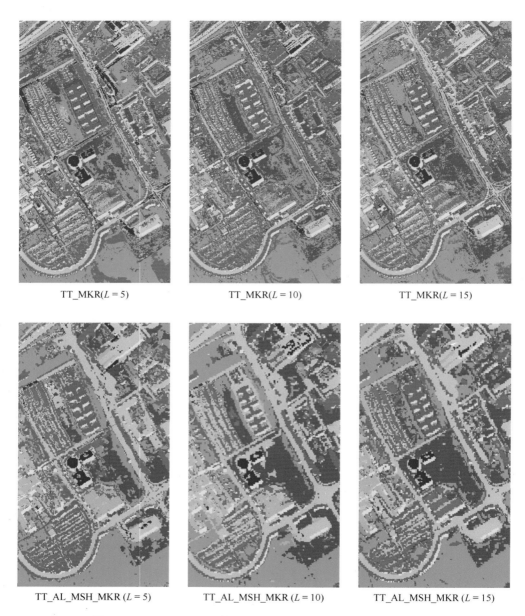

TT_MKR($L=5$) TT_MKR($L=10$) TT_MKR($L=15$)

TT_AL_MSH_MKR ($L=5$) TT_AL_MSH_MKR ($L=10$) TT_AL_MSH_MKR ($L=15$)

图 6-5 Pavia University 数据在不同初始样本条件下的分类效果图